光明城

LUMINOCITY

看见我们的未来

[瑞士] 伯纳德·屈米 著
钟念来 译

建筑与分离

Architecture and Disjunction

同济大学出版社·上海
TONGJI UNIVERSITY PRESS · SHANGHAI

目录

伯纳德·屈米（BT）

×

钟念来（NZ）

质疑建筑：伯纳德·屈米和钟念来的一次对谈

对谈时间：2020 年 11 月 15 日

NZ：《建筑与分离》的中文版出版在即，似乎有必要基于您最近的一些理论和实践工作，重新审视书中的一些观点。首先，让我们回到那几篇写于 20 世纪 70 年代的早期文章，当时是什么促使您写下了这些文字？

BT：让我从更具普遍意义的层面开始：为什么要用写作的方式来探讨建筑？我们可以通过多种方式来创作建筑，可以是图纸、图解、建造，或者电影、视频，甚至可能是戏剧。写作是另外一种媒介，它使你和所谈论的对象之间拉开一定的距离。从某种意义上讲，对于我而言，尤其是在早期，写作是另一种建筑的形式。这本书中的文章主要试图去理解我们如何来思考建筑，也试图去定义什么是建筑。它以“什么是建筑”这个问题作为起点，随着讨论的深入，逐步扩展到关于“如何”“在哪里”和“何时”的问题。写作这本书的目的在于提出一系列问题，并试图找到某种回应，而这些回应本身也是另一种形式的建筑。

回到你的问题，这组早期的文章写于我开始设计建筑之前。它们提出了“什么是建筑”的问题，并质疑了建筑的本质。它们的重要性在于试图去理解概念与体验，或者空间与发生在空间中的运动之间的关系。从某种意义上，这些文字与我在同一时期绘制的图画相伴而生，例如《曼哈顿手稿》和其他许多项目。

NZ：《空间的问题》[1] 这篇文章具有重要的意义，因为您在之后深入发展的众多概念都可以追溯到这篇文章中提出的问题。您如何看待对建筑提出质疑的重要性？您又如何理解从文学或者哲学等其他学科引入类似“越界”和“情色主义”等概念，并用于建筑学的讨论？

1. 见本书第一章第二篇。

BT：一旦你开始质疑事物，你就不可避免会去挑战这一事物的本质，也不可避免地需要超越这个事物本身来思考。如果你需要超越建筑本身，就自然会开始审视其他的知识领域。当我开始这样思考后，我意识到建筑本身也是一种知识的形式：它是一种思维方式，而绝非只是一种关于形式的知识。一旦你意识到这一点，就可以扩展这种思维方式，去批评它，或者质疑它，这是非常有意思的。

毫无疑问，我对于文学、电影、政治以及哲学等领域的发展深感兴趣。将这些知识领域与建筑进行比照十分有趣：很多时候它们之间有重合之处，有时则毫无关系。那些重合之处无疑更为有趣，特别是当你可以利用它们拓展建筑史上的某些思考时。关于这样的重合之处，我可以举两个本书中提到的例子：一个是关于空间的概念，它被众多不同的领域所提及，包括哲学、物理学或数学意义上的空间，以及与舞蹈、雕塑、电影相关的空间；另一个例子则是关于序列，序列对于建筑尤其重要，因为建筑从来都不是静止的，你需要从 A 点运动到 B 点，再运动到 C 点。当你意识到其他知识领域也在讨论空间或者序列这样的概念，便能在更为广阔的范畴内对建筑进行质疑，从而使思考更加丰富。

NZ：这种对建筑既成事实进行质疑的兴趣是否和您早期在苏黎世联邦理工学院（ETH）受教育时的反叛有关？毕竟那里强调的是更为正统的建筑传统。

BT：在决定成为建筑师之前，我就已经对关于“什么”“如何”以及“何时”的问题产生了浓厚的兴趣，可以说我对质疑的兴趣是一直存在的。的确，ETH关注的是一个极为狭窄的建筑定义，但那里也提供了非常职业化的教育，因此我并不后悔。不过，当我结束了在那里的学习，我试图再次让自己变得开放。

NZ：这样的开放在您搬到伦敦并开始在建筑联盟学院（Architecture Association，AA）任教后加强了。

BT：搬去伦敦的首要原因是我对于建筑师塞德里克 · 普莱斯（Cedric Price）[2] 的兴趣，其次是我对于城市的兴趣。当然，参与教学是一件非常有积极意义的事情，因为它也是一种学习的途径。有些人会告诉学生如何去做某件事，我从来不会那样做。我宁愿让学生自己思考，同时常常给他们设置异常困难的项目。从某种意义上看，在建筑联盟学院教学使我对于建筑有了更为开放的理解，并因此引发了一系列重要的发现。

2. 塞德里克·普莱斯（1934—2003），英国建筑师、建筑教育家。屈米曾多次在公开场合称塞德里克·普莱斯是自己最为敬重的建筑师之一。

NZ：这个阶段一个重要的理论项目是“乔伊斯花园”（Joyce's Garden）。这个项目的分离性本质、文学性的功能策划、点阵以及自治结构，都可以被视为您十多年之后关于建筑的分离讨论的早期先例。您能否深入谈一谈这个项目？似乎它也是来源于一个设计课程作业？

BT：是的。那时我经常给学生一些文本作为参考，比如文学著作里面较短的一章或某一页。我会要求学生基于文学的感性和技巧，去提出新的方式来进行建筑学思考。我所选择的文字通常来自一些著名的西方作家，如爱伦 · 坡（Edgar Allan Poe）、弗兰兹 · 卡夫卡（Franz Kafka）等。在乔伊斯花园这个项目中，我将这样的尝试更进一步，选择了作家试图质疑写作这一活动的文字。这是一个极为困难的命题，所以我自己也开始做这个项目！最终学生的作业和我自己的工作都取得了令人欣喜的结果。这样的教学 / 工作模式我沿用了三四年。
对我个人而言，这个项目意义重大，因为它使我重新开始做设计。有件事情我之前没有提过，也没在这本书中详述——在 1968 年结束学业后，我和一个朋友提交了一个名为“自己动手的城市”（Do-It-Yourself City）的竞赛提案，在那之后的 5 年间便再没有动过笔，直到我开始做乔伊斯花园这个项目。毕竟，你如果不使用一门语言，又如何去质疑这门语言？这可以算是一个未完成的项目，它没有起点，也没有结局，而是一次纯粹的调查研究。

NZ：很明显，文学性的功能策划在乔伊斯花园项目中起到了至关重要的作用。您曾经反复强调：“建筑离不开行为，建筑离不开事件，建筑离不开功能策划。”有趣的是，在中文语境中并没有一个词能够直接对应英文单词“program”。中文中有专门的词语描述“功能”或者“策略”，但它们似乎都不能准确表达“program”的概念。就您的理解，建筑中的“program”意味着什么？

BT：让我告诉你一件趣事。1996 年我获得了法国国家建筑大奖，主办方问我希望邀请谁来参加颁奖典礼，于是我邀请了哲学家雅克 · 德里达（Jacques Derrida）。我们在一千人面前进行了对谈。在对谈过程中，德里达打断了我，他说：“伯纳德，你说话的方式令人费解！有时你用了‘功能’这个词，有时你用了‘使用’和‘事件’，有时你又说‘功能策划’。它们并不是一样的！”德里达接着对这些词进行了定义：“‘功能策划’指的是某种可以自我重复、可以对其进行操作的东西；与之相反，‘事件’是不可预期的，你无法设计一个事件。”你可以设想一下在一千人面前被一个哲学家纠正措辞！
我想要指出的是：功能策划是可以被清晰识别的，这也意味着它可以被修改、转换、扭曲和操纵。就像你可以在建筑中移动墙体或者扭曲屋面，你也可以对功能策划进行类似的操作。如果我将厨房设置在浴室中央，或者将浴室设置在厨房中央，就会完全改变人的生活方式。可以说，正因为功能策划是精确的，它可以被彻底地挑战或被转变。

NZ：在这本书中，您提出了功能策划与空间之间的三种可能关系：互惠、无关，以及对立。这三种关系之间是否存在潜在的差异，即只有无关或者对立的关系能够创造出某种具有建筑性的震惊？

BT：互惠、无关，或者对立——这些发现极其重要，因为你会发现它们不仅适用于建筑，也适用于生活的其他方面。你会发现每一种关系都是有用的，所以你不能说其中某种比其他的更好。总会有必须使用互惠关系的地方，例如监狱的功能策划就只涉及互惠关系（至于建筑师是否应该去设计监狱是另一个话题）。重要的不是使用哪种关系，而是如何用一种创新的方式来使用这种关系。以穿越图书馆的跑道[3]为例，它展示了一种定义研究者的活动与运动员的活动的新方式，并创造了一种罕见的状态。

3. 此处指的是屈米 1989 年为法国国家图书馆竞赛所提交的方案。在该方案中，屈米基于“在 21 世纪知识分子和运动员将融为一体”的假设，将一条跑道引入了图书馆内部。

NZ：在建筑语境中强调功能策划是有内在困难的，因为功能策划往往都是由客户基于某种习俗价值观或者个人喜好来编写，然后再作为要求提交给建筑师。更糟糕的是，绝大多数建筑院校从来不教建筑师如何撰写功能策划，而只是教他们如何回应功能策划。您认为建筑师如何能够突破这一困局？

BT：总的来说，客户撰写的功能策划只会告诉你需要为某种活动提供多大面积的空间，而很少会告诉你各种活动之间的关系，或者它们之间如何衔接。我总是说，建筑面积和使用面积之间存在着巨大差异。我们无法掌控使用面积，但是可以通过设定诸如墙的厚度、走廊的宽度等来掌控建筑面积，在这个意义上，建筑师其实已经拥有了很大的自由来进行功能策划，在建筑中，正是组织这些功能元素的方式使一切变得不同。

NZ：随着赢得拉维莱特公园（Parc de La Villette）竞赛，您逐渐从早期的纯粹理论探索过渡到了建筑实践。您曾用“一个人的两条腿”来形容您既是建筑思想家、理论家、教育家，又是实践建筑师的角色。建筑实践可以遵循理论吗？您是如何协调这两个存在巨大差异的领域的？

BT：它们可能充满差异，但是能相互补充，其中一个并不总是遵循另一个。总的来说，理论和实践是互相促进的。以自由平面为例：你可以认为它始于一个理论概念，也可以认为它始于工业空间中为了不断适应变化的可能性而产生的重复性的结构，或者始于立体主义时期画家对于重叠和叠加的探索，抑或始于音乐家让乐器与不同的人声进行对抗。你可以先写下关于自由平面的理论然后实践它，也可以先进行自由平面的实践再将其理论化。这正是为什么我认为不能将理论强加于实践，也不能将实践强加于理论。

NZ：或许概念可以起到连接理论与实践的作用……

BT：正是如此，这也是我对建筑领域中的概念如此感兴趣的原因。

NZ：拉维莱特公园是一个绝佳案例，它说明建筑是可以通过概念的强大力量，而不仅仅是形式操作来发展的。最近您谈到了关于“概念 - 形式”的思考，这是因为您对概念与形式之间关系的理解发生了改变吗？

BT：你在我们之前的谈话中提到了《空间的问题》这篇文章，或许有一天我会再写一篇《概念的问题》。概念的类型其实有很多种，我只是试图去明确其中一些。总的来说，很长一段时间我都尽量避免将形式作为设计的起点，对我而言，形式始终是结果。然而在某些时刻，我意识到如果完全脱离形式就会找不到开始设计的线索。一个很直接的例子是在设计城市时，你无法仅仅通过研究所有问题，并试图以一种连贯的方式解决这些问题来完成设计。于是，你不得不与它们拉开一定距离，并选择一个抽象的起点。对我而言，“概念 - 形式”是一种抽象的形式，一种抽象的几何。它是一种假设：如果用这种特定的图解会带来什么？当然，这样的抽象通常会根据具体的问题来调整。

NZ：对于拉维莱特公园竞赛有大量关于竞赛结果，也就是您的设计作品的讨论，同时也存在不少关于竞赛过程的讨论，不过都不太涉及促成这一竞赛的社会背景。您如何看待这一竞赛任务书的激进性与当时在法国兴起的社会主义文化之间的关系？您又如何看待这样的观点：当前具有社会批判意义的建筑提案缺失与公共领域被日益削弱、经济系统不断被私有化有关？

BT：这个问题非常重要，这也是为什么我经常说拉维莱特公园项目很难被复制。这个竞赛的社会文脉是当时法国刚刚举行了大选，一个新的政府上台，他们对于改变社会充满希望，甚至到了天真的程度。他们决定在一块没人知道该如何使用的地块上建造一个前所未有的公园，并向各种委员会咨询公园里应该有什么。“公园”这个概念定得很好，因为它可以是任何东西。他们制作了一份 500 页的功能策划书：这个公园面向所有群体开放，无论是年轻人还是老人；这个公园将包含所有你能想到的活动——体育、文化、音乐、艺术、休闲、保护，等等。这样的功能策划无疑是一个巨大的挑战，我甚至可以说绝大多数的参赛者根本没有看过这些要求。他们认为既然这是一个公园，那么理所当然应该去设计景观和自然。但也有几个人认识到这份功能策划书所期待的不是这些，而是创造一种新的城市空间。

对竞赛评委的选择也十分重要。如果我们去看看今天的竞赛，绝大部分是由客户或者业主或者利益相关者来评判。而拉维莱特公园竞赛的评委包括 10 ～ 12 位世界范围内最好的建筑师、批评家和思想家，其中有伦佐 · 皮亚诺（Renzo Piano）、矶崎新（Arata Isozaki）、维托里奥 · 格里高蒂（Vittorio

Gregotti）、布雷 · 马克斯（Burle Marx）等人。这些评委并不完全认同彼此的观点，因此更像是一个智库。事实上，在审核了 476 个竞赛方案之后，他们甚至没法决定究竟哪个应该获得一等奖，于是他们颁发了 9 个一等奖，当然这带来了更多的问题！这 9 个项目后来被一起展出，有趣的是，你明显可以将它们分为两组，其中一组有 7 个项目，绘制了各种树木和水系，另外一组以一种完全不同的方式探讨了这个项目，作者分别是 OMA 的库哈斯和我。这就又回到了你之前的问题：建筑师应该如何开始设计，以及什么是概念。

NZ：有趣的是您和库哈斯都属于“68 一代”[4] 的建筑师，对于建筑的社会角色都持有批判的态度。在代表不同社会力量进行了多年的建筑实践之后，您对于“建筑改变社会的能力”这一问题的观点是否发生了变化？

4. 指直接或间接参与了 1968 年欧洲学生运动并深受这场运动所代表精神影响的一代建筑师，其中包括情境主义者、屈米、库哈斯、让 · 努维尔等。

BT：我一直对“建筑具有改变社会的能力”保持怀疑，然而，我认为建筑确实具有加速或者延缓社会进程的力量。换句话说，建筑本质上是一种慢速的艺术，它需要很长的时间才能完成。但如果操作得当，或许可以通过它促进或延缓某些可能性或自由的发生，但这个过程无法由建筑独立完成，还需要功能策划的帮助。

NZ：在讨论关于分离的概念时，您似乎不仅在讨论 20 世纪末社会及文化的分离状态，也在试图提出一种如拉维莱特公园那样拒绝整合、鼓励分离的建筑操作方式。这一点很有趣，因为面对相同的历史背景，当时非常多的建筑师尝试用一种形式风格来回应，而您提出的则是一种概念的框架。

BT：是的，建筑不仅仅关乎外观，同样关乎它能做什么，而这两者是紧密相连的。你提到的差异明显出现在所谓建筑后现代主义的讨论中。在其他文化领域，后现代主义被视为一种具有批判性的思考，而在建筑领域则被某些理论家和建筑师削减为一种单纯的形式风格，这无疑是我反对的。

NZ：您在纽约和巴黎都设有事务所，也经常去往世界各地，在陌生的环境中工作。这种全球化的工作模式是如何影响您的工作以及对建筑的思考的？

BT：拉维莱特之所以有趣，其中一个原因是，在参加公园竞赛的时候，我对建造房子所知甚少，对于法国的相关规范不甚了解，也不熟悉如何去和一个大型的机构合作。甚至可以说，正是我当时知识的欠缺帮助我完成了一个具有某种相关性和原创性的项目。不了解所有的情况是一种积极的因素，它使你有勇气挑战新的精神领域。

在完全不同的环境中工作也十分有帮助，在中国做项目就有一些类似的特征。保持一定程度对环境的未知可以刺激建筑师探索新的可能。以我们最近一起做的竞赛项目[5]为例：它非常有趣，因为它的功能策划和预算都有很大的未知性。我很高兴我们能够去利用这样的未知。

5. 此处指的是屈米与钟念来2020年共同完成的一个位于中国的文化建筑竞赛项目。

NZ：您经常提到建筑领域的进口和出口，这不仅仅涉及建筑与其他领域，例如文学、电影、哲学之间的交流，也涉及不同文化之间的交流。从早期的798工厂提案，到最近的天津滨海科技馆，您的这些中国项目中有哪些方面是成功“进口”的，又有哪些方面是可能“出口”到其他地方的？

BT：我认为中国在邀请国际建筑师方面非常慷慨。我希望这不仅能为中国带来帮助，也能有益于世界以及整个建筑领域。在我的见闻中，大部分曾进行过类似“进口”和“出口”的国家都能从中受益。我相信这样的跨文化项目可以为当地的建筑实践，以及多种文化的混合提供丰富的素材。

NZ：天津滨海科技馆的主要概念之一与回应它所在基地的工业历史有关。从最初拉维莱特公园对于场地充满矛盾的立场，到随后雅典卫城博物馆对于场地的敏感回应，再到最近的天津项目，您对于文脉的态度是否发生了转变？

BT：的确出现了变化，下面我会解释原因。有时你会成为你所处的历史阶段的一部分。在我接受建筑师教育的时期，曾有一个理念叫作“文脉主义”，它意味着你需要根据相邻建筑的样式来设计建筑，并让新建筑的外观能够和周围环境一致。我非常反对这种态度，认为它完全是削减性的：文脉的意义不应该被削减为仅仅关于外观。我当时着迷于20世纪的先锋派，例如未来主义、构成主义，以及超现实主义等。但一旦你能够从更广泛的意义来理解文脉，一切就变得更为有趣，因为你可以用与具体条件有关的元素来补充、发展抽象。像雅典卫城博物馆这样的项目同时具有抽象性和文脉性。它所包含的元素是抽象的，而对这些元素的组织则是基于文脉的。

NZ：除了写作与建筑实践，您为建筑教育领域也做出了重要贡献。您曾在欧洲和美国的一些重要建筑院校教学，并在1988年至2003年担任哥伦比亚大学建筑学院院长期间，带领其成为20世纪末建筑院校的典范。您认为哪些问题是当前的建筑院校亟需去回应的？

BT：建筑院校需要记住，建筑学涉及非常不寻常的技能，社会学、哲学、技术和科学是不会取代建筑学的作用的。当然，建筑并不是只和修建相关，它是一种知识的形式。但我看到一些学校正在忘记建筑本身的丰富性。这样说或许过于具体了，但我发现在美国一些大学中，教授们正因为各种各样的原因而获得终身教职，而这些原因和建筑无关。在一些学校，发表社会学或技术类著作的人比发表建筑类著作或探索建筑艺术的人更容易获得教职。这或许是我们应该谨慎对待的问题。

NZ：在这本书中，您提到媒体对文化的影响是 20 世纪末的特征之一。事实上，您的作品《建筑广告》可以被视为对这一情况的回应。伴随着社交软件和社交媒体的扩张，社会的媒体化似乎有增无减。您如何看待建筑与当前媒体化的社会之间的关系？

BT：建筑师们需要去适应这些新的情况，去利用这些新的媒体。或许那些成长于新社交媒体时代的年轻建筑师们能够探索出新的方式。媒体一直以来都影响着建筑的发展，当年教皇决定要建造圣彼得大教堂的时候也离不开巨大的宣传机器的配合。建筑无法脱离媒体而存在，但是要注意不能以一种简化的方式来看待媒体，即认为建筑仅仅是在媒体中出版的那些图像。这似乎是最近 20 年我们所面对的状况——建筑的图像变得比它的实际作用更为重要。泛滥的图像将摧毁图像。

NZ：距离《建筑与分离》的首次出版已经有大约 25 年的时间。您认为当前的哪些情况值得我们对建筑进行重新解读？

BT：我认为，《建筑与分离》中所讨论的许多观点在今天仍然有效，就像那些文章刚刚写成时那样。当然，书中有些篇章，尤其是后半部分的一些文字，应结合当时更为具体的历史背景去阅读。面对 21 世纪新出现的情况，我们要如何写下新的篇章？这个问题有趣极了，或许你和你这一代建筑师应该去回应。

NZ：在本书的末尾您曾预测：“建筑学绝不是一个没有能力去质疑自身结构和基础的学科，而是一个能够在下个世纪产生伟大发现的学科。”如今您是否仍持有相同的信念？

BT：当然！

QUESTIONING ARCHITECTURE
A Conversation between Bernard Tschumi and Nianlai Zhong

Bernard Tschumi (BT)
Nianlai Zhong (NZ)

NZ: With the republication of *Architecture and Disjunction* in the Chinese language, it seems necessary to revisit some of the issues raised in the book in relation to your recent development of these theories as well as your recent built projects. But let's start with the early group of texts that were written in the 1970s. What prompted you into writing these texts?

BT: Let me start in an even more general sense: Why does one write when you want to talk about architecture? There are many ways one can do architecture: through drawings, diagrams, buildings; through films, videos, potentially even theater. Writing is another medium that allows you to take a distance from what you want to talk about. In a sense, writing for me, especially at the beginning, was another form of architecture. The major texts in the book were trying to understand how one thinks about architecture, and trying to define what architecture is. The book started with the question "What is architecture?" and, as it develops, it became the question of "how," and then the questions of "where" and "when." The book is about raising a series of questions and then trying to find a formulation, which, in many ways, is another form of architecture. Now back to your question: The early texts were written before I started to design buildings. These texts were asking "What is architecture?" and questioning the nature of architecture. They were important in terms of trying to understand the relationship between concept and experience or, let's say, between space and movement in space. In a sense, these texts were companions to the drawings that were done in the same period, like The Manhattan Transcripts and various other projects.

NZ: The essay "Questions of Space" was of great importance because many of the concepts that you developed later could be analyzed in relation to the questions raised in this essay. How important is the questioning of architecture to you? How do you see it in relation to bringing questions from other disciplines into the discussion of architecture, for example, the idea of transgression and eroticism that had roots in literature and philosophy?

BT: As soon as you start questioning anything, you inevitably challenge the nature of the object of your endeavor. You inevitably have to start to look around or beyond the object. If you look beyond the object of architecture, you start to look at other disciplines or other areas of knowledge. When I started to do this, I realized that architecture is also a form of knowledge; it's about a way to think, and it's not simply about the knowledge of form. This became fascinating because as soon as you consider that architecture is a way to think, you can expand this way of thinking or criticize it or question it.

Clearly, I had certain sympathy towards things that were happening in the world of literature, film, politics, and philosophy. Therefore, it was fascinating to make parallels between what was happening in other forms of knowledge and architecture. Quite often you would discover that there are overlaps, while sometimes there is absolutely no common ground. But the overlaps were more interesting, especially when you were able to expand on some of the thoughts that had existed within the history of architecture. I will give you two examples that are also included in the book. One is, of course, the idea of space, which goes into so many different worlds, whether it's space in terms of philosophy, physics, mathematics, or space in terms of dance, sculpture, film, and so forth. Another example is the idea of sequence, which is extremely important in architecture because architecture is never static; you have to go from A to B and to C. You realize there are other areas of knowledge that also deal with concepts like space or sequence, and to be able to question architecture within that larger area would make the thought much richer.

NZ: Does the interest in questioning the status quo of architecture have anything to do with rebellion against your earlier education at ETH, which emphasized more orthodox traditions of architecture?

BT: In terms of questioning, I would have done it anyway. Even before I decided to become an architect, I was interested in some of the issues of "what," "how," and "when." Indeed, ETH in Zurich was extremely focused on a particular definition of architecture. I had no regret since I learned in a very professional way, but as soon as I was finished with my studies there, I wanted to open up again.

NZ: ...And this opening up intensified as you moved to London and started to teach at the AA.

BT: The move to London was first about my interest in the architect Cedric Price, and my interest in cities. But, yes, teaching is a very positive thing because it is another way to learn. Some people tell students how to do things; of course, I never did that. I'd rather tell them to think by themselves and generally gave them projects that were impossible. In a sense, teaching at the AA was also a way for me to open architecture up, which led to a number of important discoveries.

NZ: An important theoretical project of this period was "Joyce's Garden." The disjunctive nature of the project, its literary program, the point grid, the autonomous structures, all could be seen as early explorations of the idea of architectural disjunction almost a decade later. Can you tell us a little bit more about this important theoretical project? It seems that it started as a studio assignment.

BT: Yes. At the time I would often give the students texts: a short chapter or a page from interesting authors in literature. The students then had to invent new ways to think architecturally, while basing their work on something from another sensibility, another technique. I would give out texts from well-known western writers, Allan Poe and Franz Kafka among them. For this particular project, I thought, let's take it one step further, and I selected texts where the writers were challenging the act of writing. I realized it was an impossible assignment, so I decided to do it myself as well! It turned out to be fascinating both on the students' side and on my own side. I kept working this way for three or four years.
This was an incredibly important project because it was the way I started to design again. There is something I haven't mentioned and maybe it wasn't included in the book, either. I finished my studies in late 1968, then did an ideas competition with a friend. I called that project "Do-It-Yourself City." After that, for five years I didn't use a pen at all! It was with Joyce's Garden that I started to draw again because, after all, how can you question a language without using the language? It was a sort of unresolved project that didn't have a beginning or an end. It was a pure investigation.

NZ: Obviously, the literary program played a critical role in the Joyce's Garden project. You had often stressed that "there is no architecture without action, no architecture without events, no architecture without program." Interestingly enough, there isn't a straightforward translation in the Chinese language which could correspond to the English word "program." There is either a word that means "function" or a word that means "strategy," but neither seems to be able to capture the precise notion of program. Can you clarify what "program" means to you in the context of architecture?

BT: Let me tell you an anecdote. In 1996 I was awarded the Grand Prix de l'Architecture in France. To celebrate it they invited a large crowd and asked me whom I wanted to bring along. I invited the philosopher Jacques Derrida. We talked in front of a thousand people. At one moment, Derrida interrupted me and said, “Bernard, you are not really clear in the way you are talking. Sometimes you use the word function, sometimes you use the word use, sometimes you say event, sometimes you say program. It’s not the same!” Then he started to give some definitions: a program is something that repeats itself, something that you can formalize; an event, on the contrary, is something that is unexpected. You cannot design an event. It was quite a challenge to have a philosopher correct your language in front of a thousand people!

I would say a program is something that can be clearly identified, which means it can also be modified, transformed, distorted, manipulated. Just like architecture, where you can move walls here and there, or twist roofs, you can literally rewrite a program. If I put the kitchen in the middle of the bathroom, or the bathroom in the middle of the living room, I completely change the way one lives. In a way, program, because it is precise, can be completely challenged and transformed.

NZ: You had identified three types of relationships between space and program in the book: one that is reciprocal, one that is indifferent, and one that is conflictual. Do you think there might be a latent difference between these three types of relationships, namely that only the conflictual or the indifferent relationship can generate an architectural shock?

BT: Reciprocity, indifference, and conflict—these were amazing discoveries because you could apply them not only to architecture but also to other things in life. There are always cases where you use one or the other, so you cannot say that one is better than the other. There are inevitably certain programs that are all about reciprocity, for example, a prison, but of course whether or not architects should design prisons is a different story. What kind of relationship you use is not that important; the really important issue is how to do it in a creative manner. Take the example of the running track through the library: it was another way to define the activities of researchers versus the activities of athletes, and to invent something unusual.

NZ: The inherent difficulty of emphasizing program in architecture is that often programs are written by clients to reflect certain institutional values or personal preferences and then prescribed to the architects. To make matters worse, most architecture schools never teach how to write programs, but merely how to respond to programs. What do you see as possibilities for architects to break away from this predicament?

BT: Generally, the program you receive from a client only tells you that there is a need for so many square meters for a certain activity. It rarely tells you about the relationship between activities, nor how to go from one to another. I used to say that in architecture, there's a distinction between the gross and the net. We have no control over the net, but we control all the gross: the thickness of the walls, the width of the corridors, and so on. The point is that architects already have enormous freedom to play with the program. It is the way you organize programmatic elements that make all the difference in architecture.

NZ: With the winning of the Parc de La Villette competition, you transitioned from the pure theoretical explorations of the earlier period to practicing in the built realm. You've used the analogy of two legs of a single person to describe your role as an architectural thinker, theorist, educator, and your role as a practicing architect at the same time. Can architectural practice follow theories? How do you negotiate between these two radically different territories?

BT: They may be radically different, but they are really complementary, and one doesn't necessarily follow the other. Generally, theory and practice grow from one another. Let me give you the example of the free plan. You might say it started with a theoretical concept. You might also say it began with industrial spaces where repetitive structures had to accommodate ever-changing possibilities, or it began with what painters were doing in the Cubist era—trying to test certain overlaps and superimpositions—or with musicians trying to have instruments playing against different voices. You might write a theory about the free plan and then practice it, or you might start with the practice and then theorize the free plan. That's why I think it is important not to think that you must transpose theory into architecture or transpose architecture into theory.

NZ: Maybe concept could play the role of connecting between theory and practice...

BT: Exactly. That's what I love so much about the idea of concept in architecture.

NZ: The La Villette project was a great example of how architecture can be developed through the sheer power of concept, rather than a mere manipulation of forms. More recently you also talked about the idea of "Concept-Form." Has anything evolved or changed in your line of thinking in terms of the relationship between concept and form?

BT: You mentioned this earlier in our conversation about the text "Questions of Space"; maybe one day I will write about "Questions of Concept." In reality, there are many different types of concept and I tried to identify a few of them. Generally, for years I tried to avoid using form as a starting point. To me, a form is always the result. At one point, however, I realized that in certain situations one does not have the clues to start without the form. An immediate example is that you cannot design a city simply by looking at all the problems and trying to resolve them in a coherent manner. Therefore, you have to take a distance and use an abstraction as the starting point. To me, a Concept-Form is an abstract form, an abstract geometry. It is in a way a hypothesis: What if we use this particular diagram? Of course, such abstraction will generally need to be adjusted to take into account the actual specificities of the problem.

NZ: As for the Parc de La Villette competition, there were significant discussions about its result, which was your project, and there were some discussions about the process of the competition. However, there was little discussion in terms of the social context from which the competition derived. How do you look at the radicality of the competition brief vis-à-vis the emergent socialist culture in France at the time? Furthermore, how do you look at the notion by some architects that the recent absence of socially radical proposals is due to the increasingly muted public realm and the increasingly privatized economy?

BT: It's a very good question, and that's why I often say that the Parc de La Villette cannot easily repeat itself. The social context was that there was an election and a new government full of very generous thinking about changing society and, to a certain degree, some naivete. The government decided to make a park on a piece of land nobody knew what to do with. They wanted it to be a new kind of park, and asked different committees what should be included in the park. The word "park" was very well chosen because a park can be anything. They then wrote a program that had about 500 pages. It was for everyone—the young and the old—and for any possible thing you could think of, whether sports, culture, music, art, recreation, preservation, and so on. It was inevitably a challenge, and I could say that most of the competitors didn't even look at the program. They thought if it was a park, then they were going to design nature or landscapes. But there were a few people who realized that the program was for something else, the invention of a new kind of urban space.

Selecting the jury for a competition is also critical. If we look at most architectural competitions today, they are decided by the client or the owner or the stakeholders. But back at the time of La Villette, the jury included 10 to 12 of the best international architects, critics, and thinkers of the time, including Renzo Piano, Arata Isozaki, Vittorio Gregotti, Roberto Burle-Marx, and others. These jurors didn't necessarily agree with one another, so it was like a think tank. They looked at the 476 entries from the open competition and clearly couldn't arrive at one first prize, so they gave out nine first prizes, which created even more problems! They did an exhibition of the nine projects. It was interesting to notice that you could divide them into two groups: one group of seven people who drew lots of trees and water, and the other two people who approached the project in a completely different way. One was Koolhaas from OMA; the other, myself. Now it gets back to your previous questions of how one starts and what is a concept.

NZ: Interestingly enough, both you and Koolhaas were part of the '68 generation of architects, who had been critical of the role of architecture in relation to the larger society. Now, after years of practice, navigating between different forces in society, is there any change in your view in terms of the power of architecture to transform society?

BT: I've always been relatively skeptical about the power of architecture to change society. However, I'm quite optimistic about the ability of architecture to either slow down or accelerate processes that are happening in society. In other words, architecture, by its very nature, is a slow art. It takes years to build. But if you do it well, you may be able to accelerate possibilities and certain forms of freedom, or you can slow them down. Architecture never does it on its own, and that goes back to the issue of program.

NZ: When discussing the concept of disjunction, it seems that you were not only referring to the disjunctive nature of the cultural circumstances at the time, but also suggesting an architectural method that refuses synthesis in favor of dissociation, like the Parc de La Villette project. This is very interesting because while many architects back then were trying to find a formal response to the conditions of the time, you were proposing a conceptual framework as the response.

BT: Yes, architecture is not only what it looks like, it's also what it does, and the two are inextricably linked. The radical difference you mentioned was clearly identifiable in the discussion of postmodernism, whereas in other fields it was viewed as a critical way of thinking, while in architecture it was reduced by some architects to merely a formal style, which was something that I objected to.

NZ: With offices in New York and Paris, you travel frequently and often work on projects in unfamiliar contexts. How does this mode of operation affect your work and the way you think about architecture?

BT: One of the reasons why La Villette was interesting is the fact that when I did the competition, I knew very little about building buildings, or French regulations, or how to work with a large bureaucracy. Therefore, it was my lack of knowledge that helped me develop a project that had some relevance and originality. The fact of not knowing everything is actually positive; it helps you take chances and test mental territories.

The fact of working in completely different environments is also really helpful. Doing a project in China had a little bit of that character. The fact of having a certain level of uncertainty is very stimulating for an architect. Take the recent project we did together as an example: it was fascinating because there were areas that were completely open, both in terms of the program and the budget. I'm very happy that we somehow took advantage of this openness.

NZ: You often talked about the idea of import and export in architecture, not only in terms of exchange between architecture and other disciplines like literature, film, philosophy, but also the exchange between different cultural contexts. After working on a number of projects in China, from the early Factory 798 proposal to the recent Tianjin Binhai Science Museum, is there anything that you think these projects have successfully imported, and is there anything that these projects could export to elsewhere?

BT: I think China was incredibly generous in inviting international architects. I hope it was good for China, but more than that, I think it was good for the world and it was good for architecture in general. I've seen that most of the countries that had done this type of import and export have benefited from it. I believe this type of cross-cultural project is incredibly fertile and productive. It is important to encourage cross-fertilization, the mix of cultures, and constant challenges from different cultures and sensibilities.

NZ: One of the main concepts of the Tianjin Binhai Science Museum was in relation to the industrial history of its site. From the almost ambivalent position toward site in the La Villette project, to the more sensitive approach in the Acropolis Museum, to the Tianjin project, has there been any shift in your attitude toward the idea of context?

BT: Yes, there has been, and I have to explain why. Sometimes you are part of the history of the time you live in. I was raised as an architect when there was an ideology called contextualism, that you were supposed to design buildings that look like the buildings next door and fit into the same visual appearance. I was very much against it, feeling that it was completely reductive, and that the word "context" should not be reduced to simply visual appearance. I was fascinated by the avant-garde of the 20th century—for example, Futurism, Constructivism, Surrealism, and so on. But at the same time if you were to use the word context in a larger sense, it was much more interesting, because it allowed you to feed abstraction with a way to nurture it: with elements that have to do with circumstances. A project like the Acropolis Museum is simultaneously very abstract and incredibly contextual. The individual elements are abstract, but the organization of them is contextual.

NZ: In addition to your writings and architectural practice, you have also made significant contribution to architectural education by teaching at different architecture schools in Europe and the U.S., and by leading GSAPP into a model of architecture schools of the late 20th century during your deanship from 1988 to 2003. Are there any particular issues that you think are urgent for architectural schools to address today?

BT: Schools have to remember that architecture involves very unusual skills, and that sociology, philosophy, technology, and science are not going to replace what architecture does. Of course, architecture is not always about buildings; it's a form of knowledge. But I see a number of schools that tend to forget the incredible richness of architecture. I might be getting too precise, but I find that in American universities, people are getting tenure for so many interesting things, but not for architecture. It seems easier for universities to give tenure to someone who writes books about sociology or technology than it is to do so for architects and scholars who investigate the art of architecture. Maybe this is something one should be careful about.

NZ: In the book, you touched upon the impact of media as one of the defining characteristics of the late 20th Century. In fact, your work "Architectural Advertisements" could be seen as a response to such conditions. Now, with the proliferation of social media and social networks, Instagram and TikTok, the mediation of our society only seems to have intensified. How do you look at architecture in relation to the new conditions of the mediated world today?

BT: Architects have to adapt, to take advantage of the new media. Perhaps young architects who have been born with these new media will be able to do it in a different way. Media has always played a role in architecture; after all, when the Pope decided to build St. Peter's, there was a propaganda machine involved. Architecture cannot be separated from media, but one has to be careful not to take a reductive view of media in the way that architecture is perceived merely as the images published in the media. That seems to be the problem in the last 20 years, when what a building looks like becomes more important than what it does. The excess of images simply kills the image.

NZ: Now almost 25 years have passed since the book's first publication. Are there any new conditions that you think could lead to a new round of rethinking of architecture?

BT: I would say that much of Architecture and Disjunction is about issues that are just as valid today as they were when the essays were written. There are certain parts, especially at the end, that addressed the issues of the time. What could be the new chapters that one might write today, considering life in the 21st Century? That's a fascinating question that I think you and your friends should answer.

NZ: At the end of the book you predicted, "far from being a field suffering from the incapability of questioning its structures and foundations, architecture is the field where the greatest discoveries will take place in the next century." Do you still have the same belief in architecture today?

BT: Yes!

文章出处

《建筑的悖论》（“The Architectural Paradox”）和《空间的问题》（“Questions of Space”）英文原文曾以“空间的问题：金字塔和迷宫（或建筑的悖论）”［“Questions of Space: The Pyramid and the Labyrinth (or the Architectural Paradox)”］为题发表于《国际工作室》（*Studio International*）1975 年 9—10 月刊。

《建筑的快感》(“The Pleasure of Architecture”)英文原文曾发表于《建筑设计》（*Architectural Design*）1977 年 3 月刊。

《空间与事件》（“Space and Events”）英文原文曾发表于《主题三：关于事件的讨论》（*Themes III: The Discourses of Events*. London: Architectural Association, 1983）。

《建筑与越界》（“Architecture and Transgression”）英文原文曾发表于《反对：第 7 辑》1976 年冬季刊（*Oppostions* 7, Winter 1976. Camebridge: The MIT Press）。

《建筑与极限》三个章节（“Architecture and Limits I, II, and III”）英文原文曾分别发表于《艺术论坛》（*Artforum*）1980 年 12 月刊、1981 年 3 月刊，以及 1981 年 9 月刊。《建筑的暴力》（“Violence of Architecture”）曾发表于该刊 1981 年 9 月刊。

《序列》（“Sequences”）英文原文曾发表于《普林斯顿期刊：建筑的主题性研究》1983 年第 1 卷（*The Princeton Journal: Thematic Studies in Architecture*, vol.1, 1983）中。

《疯狂与组合》(“Madness and the Combinative”) 英文原文曾发表于《摘要》1984 年第 5 期 (*Precis*, vol. 5. New York: Columbia University Press, 1984) 中。

《抽象调解和策略》（“Abstract Mediation and Strategy”）英文原文曾载于伯纳德 · 屈米著《影像疯狂：拉维莱特公园》（Bernad Tschumi, *Cinégramme Folie: Le Parc De LA Villette*, New York: Princeton Architectural Press, 1987）。

《分离》（“Disjunctions”）英文原文发表于《视角第 23 期：耶鲁建筑期刊》1987 年 1 月刊（*Perspecta 23: The Yale Architectural Journal*, January 1987）。

《解 -，反 -，外 -》（“De-, Dis, Ex-”）最初载于芭芭拉 · 克鲁格、菲尔 · 马里亚米编《重塑历史》（Barbara Kruger and Phil Mariami eds., *Remaking History*, Seattle: Bay Press, 1989）。

引言

分离：解体的动作或者被解体的状态；分散，拆分。
一个选言命题各个前提之间的关系。
——韦氏辞典

本书中收集的文章无不证实了这样一个观点：建筑离不开功能策划（program）[1]，离不开动作，离不开事件。作为一个整体，这些文章重申：建筑从来不是自治的，也从来不仅仅和形式相关；类似地，建筑问题并不是一个关于风格的问题，且不能被简化为一种语言。这些文章反对对于建筑形式的高估，它们试图将关注的重点重新集中于“功能”，尤其是身体在空间中的运动，以及发生在建筑的社会和政治层面的动作和事件。但需要指出的是，这些文章并不认同诸如“形式追随功能 / 使用方式 / 社会经济学”的简单关系；恰恰相反，这些文章指出，在当代城市社会，认为形式、使用方式、功能以及社会经济结构之间存在因果关系的看法无法成立，且早已过时。

这些文章写于 1975 年至 1991 年之间，它们被构想为一本书中的连续性篇章，可以像勒 · 柯布西耶的《走向新建筑》以及罗伯特 · 文丘里的《建筑的复杂性与矛盾性》那样，针对 20 世纪末建筑的状态提供一种描述。虽然这些文章共同的出发点是当前建筑在使用方式、形式，以及社会价值之间的分离，但它们指出这一状态并无贬义，而是非常具有“建筑性”。

1 译者注：本书中 program 统一被译为“功能策划”，强调一种具有策略性并结合功能要求的空间组织。

在本书的各篇章中，建筑被定义为存在于空间与活动之间、或愉悦或激烈的冲突。第一部分的文章以“空间”为主题被整合在一起，在分析前人建筑空间理论的基础上指出，一个（关于建筑的）[2]明确的定义中总是包含互相排斥或者互相矛盾的叙述。这种对立引出了关于建筑的快感的讨论，而快感产生于空间体验与空间概念的交汇。第二部分的标题是“功能策划”，它从质疑“美观、坚固、实用”这三个传统信条出发，提出将实用性的功能策划维度扩展到关于事件的讨论。《建筑的暴力》一文对于空间和在空间中发生的事件这两者之间丰富而复杂的关系进行了深入的阐述。第三部分“分离”发展了前两部分中的一些线索，这些文章将前面描述的概念通过具体的建筑形式扩展到建筑实践层面，它们尝试提出一种关于建筑的新的、动态的概念。

本书所涉及的研究方向并非一夜之间形成。在 1968 年前后，我与同时代的一批年轻建筑师一样，关注对于能够改变社会（或者说能够产生政治和社会效应）的建筑的需求。然而 1968 年发生的一系列事件以事实和严肃的批判性分析证明了实现这一初衷的困难性。从马克思主义评论家到亨利 · 列斐伏尔（Henri Lefebvre）再到情境主义者（the Situationists），虽然他们的分析方式产生了巨大的变化，但他们对建筑是否具有改变社会和政治结构的能力都持怀疑的态度。

历史性分析基本上支持以下观点：建筑师的角色是具体地展示社会机构的形象，将社会的经济、政治结构转译成为建筑或者建筑群。因此，建筑首先是空间对于现行社会经济结构的适应。建筑服务于现有权力，即使在一些偏社会导向的政策中，建筑的功能策划也会反映现行政治制度

2 译者扩注。

的主流观点。当然，那些试图通过设计去改变世界的年轻建筑师并不容易接受这样的观点。他们中的大部分最终回归了日常，并投入了传统的建筑实践，但其中仍有极小部分还是继续尝试理解产生城市及其建筑机制的本质，并试图去探索是否还存在其他角度来思考通过建筑改变社会这一问题。

由于着迷于大都会创造不可预料的社会或者文化宣言（甚至微观经济系统）的能力，我开始了广泛的研究。如何通过刺激都市激变来“创造条件”，而非“制约设计”？20 世纪 70 年代初期我在伦敦建筑联盟学院所教的课程名为“都市政治学”和“空间的政治学”。这些课程和研讨会以彩页传单的方式到处散发（目的是减轻其论调的严肃性），成为发展我的观点的重要手段。

我为 1972 年伦敦建筑联盟学院举行的一次研讨会写过一篇文章，名为“环境诱因”（The Environmental Trigger）。那时我 28 岁，这篇文章里提出的大量问题概述了我当时主要的关注点：建筑和城市如何能够成为社会和政治转变的诱因？我被五月事件[3]中对巴黎街道所进行的“异轨”[4]操作触动，开始意识到在世界各地许多大城市都存在类似的“误用”。由于这些城市化中心在经济权力上的集中，无论是规划的还是自发产生的任何行为，都会立即引发不可预计的状况。我认为，城市（利物浦、伦敦、洛杉矶、贝尔法斯特等）不仅是社会冲突最为激烈的地方，城市状态本身也可以成为

3 译者注：此处指前文提到的、影响了“68 一代”建筑师的 1968 年欧洲学生运动。

4 译者注：原文为 détournement，法语。它是一种“将旧有作品以颠倒的方式重新创作”的手法，而被选择进行重新创作（détourned）的原作品必须是一个被大众所熟悉的媒体，以便能够有效和迅速地传达与原作相反的意图和信息。Détournement 一词可以追溯到情境主义国际，它类似一种有讽刺意味的模仿，但它通过直接引用或忠实模拟原始作品，而非重新创作新的作品来制造这种强烈的暗示。

加速社会转变的手段。我通过与爱尔兰共和军的一些秘密联系多次前往贝尔法斯特和德里布，收集资料来为《建筑设计》杂志一期关于都市激变的专刊做准备。（后来因为传言伦敦建筑联盟学院组织的一场针对相关问题的研讨会收到了炸弹威胁，杂志编辑中止了这一项目。）

如果说《环境诱因》一文对于通过经济崩溃推动社会转变的潜力做出了过于乐观的估计，它同时也分析了建筑师在这场变革之中可能扮演的角色。文章提出的问题是，建筑师如何避免将建筑和规划视为主流社会的忠实产物，而恰恰相反，将它们看作促成改变的催化剂？建筑师能否改变自己的宿命，不再为一个凌驾于城市之上的保守社会服务，而是让城市本身去引导社会？二十年过去了，我的观点基本没有改变。在这里请允许我引述这篇早期的文章：

> 空间能否成为一种和平引导社会转变的工具，一种通过创造新的生活方式来改变个体与社会关系的途径？在革命时期的俄国，极小居住单元以及集合厨房曾被作为社会汇聚器来定义新的人际关系。这些空间被作为即将到来的社会的样板，及其理想化的呈现。如果说这样的尝试在欧洲其他地方（没有出现革命的地方）的失败可以从一种新的空间组织方式与不断增长的土地投机之间的根本性矛盾的角度来解释，那么，即使在那些政治体制有利于这些尝试的地方，它们依旧无法逃脱失败的宿命。
>
> 一个根本性的误解是这些失败的原因。类似的理论基于的是对于行为学的一种解读，即认为个体的行为可以被影响，甚至能够通过空间的组织而被理性化。空间被视为一种纯粹而具有解放性的手段。但历史已经告诉我们，即使对空间进行组织能够暂时影响个体或者群体性行为，这并不意味着空间能够改变社会经济结构。

这一分析意味着建筑空间本身（被使用之前）在政治意义上是中性的：比如，一个非对称的空间并不比一个对称的空间更具有或更不具有革命性和先进性。（当时已经存在这样的观点：没有社会主义的或者法西斯的建筑，只有存在于社会主义社会或者法西斯社会的建筑。）然而，一些先例指出，微小的事件或行动的力量被媒体放大之后能够扮演革命神话的角色。在这些例子中，重要的不是建筑的形式（无论它是传统的还是现代的），而是建筑的用途（以及被赋予的意义）。我举了一个具有传奇色彩的“游击队建筑”的例子：它于 1968 年末由法国巴黎美术学院（École cole nationale supérieure des beaux-arts）的学生利用就近“借来”的材料，在巴黎废弃的郊区修建而成。

> 从建筑学的观点来看，这个游击队建筑只是一个遮蔽物，一个建筑工地上的棚屋。然而它被称作“人民之家”，并因此成为了自由、平等、权利等意义的象征。这个空间本身是中性的，为了证明它拥有政治意义，一些特定的符号是必要的，比如对它的命名，或者围绕这个建筑展开的政治行动（在私有或国有土地上为人民修建建筑）。这是一种修辞性行动，也是唯一可能的行动：这种行动的意义来自占有土地这一行为的象征性和代表性，而绝非对建筑的设计。

我当时认为建筑师只有三种可能的角色：其一是保守地延续我们在历史中一直扮演的角色，即现有社会政治和经济属性的转译者，以及形式的给予者；其二是作为批评家和评论家，以知识分子的身份通过写作或者其他形式的实践来揭露社会的矛盾性，并时而指出可能的行动途径，以及这些行动的优势和局限；其三是作为“革命家”，利用我们对于环境的专业知识（这里指的是我们对于城市以及建筑机制的理解），通过专业的力量去创造新的社会和城市结构。

在鼓动建筑师成为批评家和革命家综合体的同时，我也意识到我们作为知识分子和建筑师的局限：我们不大可能在地下网络里荷枪实弹埋藏炸药。我于是提出了两种方式或者说策略来作为可能的政治性行动。我把这些策略称为“范式行动”和“反设计”。“范式行动”并不直接与建筑相关，而是依赖于对城市结构的理解。它提议通过激化矛盾来摧毁那些存在于社会中的最为保守的规范和价值。

“范式行动”既是环境危机的表达，也是它的催化剂。“范式行动”基于一种游击战术，将有用的直接性和典范性结合、将日常生活与认知结合。以三天建成的“人民之家”为例，它对土地的侵占代表着一种惊人的尝试：在一个西欧大城市郊区的工人社区推广游击建筑。对于法国学生而言，集体修建这个建筑既是革命团结的象征［用典型的弗兰茨·法诺（Frantz Fanon）的描述则是“为了感知个体存在而进行的行动”］，也是参与者绝佳的政治学校，因为它建立起了与当地居民的联系。这样一个象征自由的地方即使只是短暂存在过，也可以成为革命斗争发展过程中的重要组成部分。而为了反抗警察暴力骚扰而对这个建筑进行的自卫，则促成了对斗争方式的实验和巩固。

最为重要的是，“范式行动”去除了革命的神秘，并起到了宣传作用；它揭露了资本主义空间组织方式通过摧毁集体空间以实现分隔和孤立；它指出有可能以一种低廉快速的、与既有经济逻辑相对立的建筑方式来进行建造（简易的建造方式是地产权私有制的直接结果）。因此这个建筑的目的不只是实现建造，更是通过建筑揭露社会的现实和矛盾。

在 1971 年 11 月，我和伦敦建筑联盟学院的学生一起控制了已关闭的肯特斯镇火车站，并对其进行了喷漆和占领活动。这些活动远远超越了用于社区服务的充气穹顶[5]的实践。对这个空间五分钟的进攻和占用成为了解放城市空间的起点。

第二种策略"反设计"更具有建筑性，因为它借助建筑表达方式（剖面图、透视图、拼贴等）来声讨保守城市机构和政府所强加的规划的罪恶。阿基佐姆（Archizoom）的"无休止城市"（No-Stop-City）以及超级工作室（Superstudio）的"绵延的纪念碑"（Continuous Monument）（二者都是 1970 年充满讽刺和批判的提案），都展示了这一策略可能的模式。

"反设计"可以说是利用建筑表达的一个特定特征及其所有的文化价值和内涵，进行的一种绝望的、虚无主义的尝试。说它绝望的原因在于，它依靠的是所有建筑表达方式中最为脆弱的平面图，而我们已经知道，从本质上讲，没有一个实际建筑可以对保守社会的社会经济结构起作用。说它虚无主义则是因为它的唯一作用是将对财权拥有者意图的悲观预期转译成建筑的宣言。

这一策略认为平面图的脆弱可能只是表象。由于平面图被作为最终的结果，它获得了一种额外的自由，而这种自由是任何受资本约束的建筑作品都不曾拥有的。它的作用并不是去设计一种社会性的、很快会被实施它的权力集团神秘化的替代物，而是去理解某个领域的官方力量，推测它们的未来，并用图像的形式进行翻译以便做出解释。这是一种涂鸦式的行为。就像涂鸦或者色情图像带有真实事物所忽略的淫秽性一样，建筑图纸也能够支持某些被实际建筑的日常经验所阻断的特定含义。这些图纸可以被用来证明某些城市更新方案的荒谬，或者证实资本系统的走向，也可以用来回答对

5 译者注：充气穹顶是 1968 年革命发生后法国巴黎美术学院学生团体"乌托邦"的设计。

> 于这种特殊表达方式的意义的新的质疑。因此，这一策略不仅是一个文化宣言，也是一个政治宣言。
>
> 这一策略的政治性在于，平面不但包含了对投机者目的的分析，还包含了宣传、迷惑、讽刺，以及对荒谬的展示。作为“魔鬼代言人”，“反设计”的目的是让有关的人了解这种发展对他们日常生活的影响，并引导他们去主动拒绝类似的规划过程。它的文化性则在于，它尝试对那些依旧附加在建筑之上的既有文化价值观进行质疑和重新理解。既然利用图像去揭露投机者的丑闻不可能导致社会的重构，那么，摧毁当前社会所包含的某些文化价值观就是“反设计”策略的长远目的。
>
> 对于从革命性的 20 年代到 70 年代早期的意大利激进建筑流派——阿基佐姆和其他一些团体——的艺术家来说，对既有文化的破坏和革命艺术形式的发展历来被认为是社会和经济变革的先决条件。如果说对于一种新形式语言能否影响社会结构还存在疑问，那么毫无疑问，摧毁一种旧的形式语言一定能够产生这种影响。如果说教育或者所谓“专家意见”是维持现有传统结构的方式，那么对它们的质疑则是迈向任何新途径的必经之路。

我不否认“反设计”策略的有效性，但我要指出它的局限：文化机构可以轻而易举地将反叛和破坏性的态度转化为时髦的主流文化形式。杜尚的小便池在今天成了博物馆竞相收藏的藏品；1968 年巴黎墙上革命性的口号如今也被用于商业广告的说辞。我于是提出，即使“反设计”是我们为数不多的几种行动途径之一，它依然可能沦为如法语所说的“恢复”[6]：一个颠覆性的文化行为并不自动意味着它的最终结果能够遵循初衷。一些人利用荒谬的手段做出的批判和讽刺，总有可能成为另一些人真诚的提案。

6　译者注：原文为 récupération。

的确，在这一时期我们可以在建筑院校里看到众多类似超级工作室理想城市的提案，只是它们已经成为对另一种生活方式的真挚构思。建筑（或者能够代表建筑的图纸）始终是一种模棱两可的表达方式，因为它可以被赋予多样的解释。

出于对“范式行动”和“反设计”等策略所带来的困难的担忧，我提出了一套利用环境知识来加速社会转变的具有颠覆意义的分析方法。它能够揭露我们所面对的状况的荒谬，并使得城市和文化中那些最具社会压迫性的方面发生瓦解。然而，我那时所给出的案例都对社会斗争的结果持有过于乐观的态度。在写下这些文字的今天，北爱尔兰城市中的冲突明显没有“通过启发性的环境行动创造新的社会组织”[7]。当然那篇文章也总结道，这些冲突只是去动摇某种状态的第一步，它们蕴含着改善社会和城市状态的种子。

我提出：“这些环境策略没有一个能够直接产生新的社会结构。”毋庸置疑，建筑及其空间不能改变社会，但通过建筑及其产生的影响，我们能够加速那些正在进行的社会变革。（类似地，过时的建筑形式和使用方式也可以减缓社会变革的速度。）

在上述政治争论发生的同一时期，文化领域也面临激进的质疑。1968 年运动中一个重要的口号是“想象力当权”。我当时认为，虽然很多社会和政治活动家都阐述了权力的机制，但他们通常忘记了这句口号的前半部分：想象力。当然也有认识到创造力重要性的人，例如情境主义者，

7　译者注：这里指的是 1968 年起发生在北爱尔兰的周期性暴力冲突，冲突的两方分别是支持维持北爱尔兰继续作英国一部分的联合主义者（主要为新教徒），以及支持北爱尔兰成为爱尔兰共和国一部分的民族主义者（主要为罗马天主教徒）。

而他们在 1972 年看来已经是陈年往事了。然而，20 世纪艺术、文学、电影等领域最为激进的时刻都涉及对社会的全面质疑。从未来主义到达达主义以及超现实主义，众多先行者让我们着迷。安纳特勒·可普（Anatole Kopp）那时也刚刚发表了著名的《城市与革命》（*Town and Revolution: Soviet Architecture and City Planning*, 1917-35）[8] 来探讨 1917 年俄国起义之后所发生的各种运动。

我开始意识到传统革命概念中“利用社会内部矛盾”的想法也适用于建筑，甚至可能最终影响社会。建筑的内部矛盾始终存在，它是建筑本质的一部分。建筑本来就包含两个互相排斥的方面：空间以及对空间的使用，或者从更为理论的层面说，空间的概念和空间的体验。我认为，存在于空间和对空间的使用之间的互动可以开辟一条途径，帮助建筑摆脱对自身社会和政治角色的焦虑。

的确，那些由评论家和历史学家提出的关于创造建筑的讨论，大多将关注点集中在建筑形式或者实体方面，极少去关注建筑内部发生的事件。就像对城市空间的“异轨”操作或者反叛性使用引发了各种城市激荡那样，对建筑空间的使用和“误用”能否产生一种新的建筑？在之后的十年中，我继续挖掘最初只是直觉的几个问题的深层含意：①在空间的概念和空间的体验之间，或者说建筑与其使用之间，空间与人体的运动之间，并不存在任何因果关系；②这些互相排斥的方面的交汇可以是令人愉悦的，或者是非常激烈的，以至于可以瓦解社会中最保守的那部分。

就像城市框架与社会运动之间存在着对立一样，建筑空间及其众多可能

8 译者注：原文载该书英文名为 *City and Revolution*。

的使用方式之间也存在类似的对立。通过提出“建筑离不开事件和功能策划”的观点，我得以将策划性和空间性的思考同时置入对建筑及其表达方式的讨论中。出现在艺术、文学批评以及电影等领域的讨论证实了我的最初直觉，这些其他领域的发现帮助证明了我所察觉到的是显而易见的：建筑从其定义和本质来说就是分离的、分解的。从福柯（Michel Foucault）到巴特（Roland Barthes），从索莱尔斯（Philippe Sollers）以及“如是”小组（Tel Quel group）的活动到对巴塔耶（Georges Bataille）、乔伊斯（James Joyce）或者巴勒斯（William Burroughs）的重新发现，从爱森斯坦（Sergei Eisenstein）以及维尔托夫（Dziga Vertov）的电影理论到威尔斯（H. G. Wells）以及戈达尔（Jean-Luc Godard）的实验，从概念艺术到阿康奇（Vito Acconci）早期的表演，大量的作品都为证明建筑的分离性提供了证据。那些认为从其他领域借鉴观点会造成建筑不纯洁的人不仅忘记了文化、经济以及政治对于建筑不可避免的影响，同时也低估了建筑通过促进文化论战加速文化进程的能力。无论是作为实践还是理论，建筑必须同时“进口”和“出口”。

在这里我必须指出，通常建筑师都忽视了建筑理论与文化进程之间的关系。他们将理论理解为一种达成或者正当化建筑形式或者实践的方法。比如我们惊讶地发现，艺术和建筑这两个领域对后现代主义的理解大相径庭，在建筑中它被视为一种可被识别的风格，而在艺术领域它则被看作一种具有批判性的实践。

对我而言，理论写作的目的不仅是为了扩展建筑概念，也是为了协调建筑的文化实践与政治、文学、艺术等相关领域的关系。我丝毫没有将文学或电影主题翻译或者转移到建筑中的兴趣——事实上我的兴趣恰恰相反——但是我依然需要利用其他领域的研究来支持一个重要的建筑观点，即建筑的内在分离正是其力量和颠覆能力之所在；而空间与事件之间的分离，以及它们之间不可避免的共存，则是我们当代环境的特征。在这样的条件下，建筑不仅可以从其他领域吸收某些概念，也可以利用自己的发现去影响文化的生产。从这个角度来看，建筑可以被理解为一种与数学或哲学相媲美的知识形式。它可以探索和扩展我们知识的边界，同时也可以具有很强的社会性和政治性，因为建筑不可能与使用分离开来。

与此同时，我尝试通过其他途径来发展这些概念，例如《曼哈顿手稿》里面的图纸，巴黎拉维莱特公园中一系列不连续的结构，以及其他的城市设计提案，包括最近在法国北部图尔昆（Tourcoing）的勒弗诺瓦（Le Fresnoy）项目（国家当代艺术中心）。无论是文字、图纸还是建筑，不同的工作模式都提供了新的探索方式。这正是建筑工作的伟大特点之一：你可以在过程中进行思考。就像我在《曼哈顿手稿》引言部分所写的：

> 对建筑而言，概念可以产生于项目之前或者之后。换句话说，一个理论概念既可以被应用于一个项目，也可以从项目之中提取。通常这一区分并不是那么明显：电影理论的某些方面可以支持建筑学的直觉，然后通过一个项目的艰难发展，转化为一般建筑的操作性概念。

建筑空间与使用的内在冲突，以及这两个方面之间不可避免的分离，意味着建筑始终处于不稳定的状态，始终处于变化的边缘。矛盾的是，三千多年来的建筑思想一直试图宣扬完全相反的观点：建筑是关于稳固、坚固以及坚实基础的。我想要指出，建筑“反位”[9]了：它偏离了自身的本质，而被社会作为一种稳定化、制度化或创造永恒的方法。当然，这

9 译者注：原文为 à contreemploi，法语。

种盛行的想法意味着建筑不得不忽略它所包含的众多其他意义（比如，建筑被缩减为“充满艺术感的空间”，“建筑是汇聚在阳光下的体量精巧、正确而卓越的游戏”），或者必须符合僵化的使用习惯——一个法庭、一个医院、一个教堂，甚至一个乡村家庭住宅——这些机构的习俗都被直接反映在承载它们的建筑空间上。福柯关于建筑和权力的讨论与沙里文的“形式追随功能”殊途同归。

当然，从埃及的金字塔到罗马的纪念碑再到今天的购物中心，“客户们”总把建筑看作是机构展现和稳固其在社会中的存在感的途径。这导致存在于建筑多种意义（空间、功能策划、运动）之间的分离被压制了。将使用方式、动作以及运动的不确定性排除在建筑的定义之外，意味着建筑推动社会变革的能力也被断然否定了。

类似地，所谓解构主义建筑在过去二十年中挑战了秩序、阶级和稳定，也因此被评论家赞许或贬低为某种“风格”或者“美学实验的探索”。这些评论家在不知不觉之间，即使不算是压制，也是忽略了这股风潮中对功能策划与使用的潜在讨论，乃至对建筑在社会、政治甚至经济等更宏观层面上的含义的讨论。淡化策划性的讨论使得这些评论家只是在重蹈那些 1932 年纽约现代艺术博物馆“国际式风格”展览评论家们的覆辙。

今天，从“功能策划”“功能”“使用”“事件”等方面对建筑提出质疑尤为重要。不仅在建筑空间及其内部的功能策划之间不存在简单的关系，在我们所处的当代社会，功能策划从本质上说就是不稳定的。几乎没有人能够决定一所学校或者一座图书馆应该是什么样子，或者它们应该多么电子化；可能更没有多少人能够就 21 世纪的公园应该包含哪些内容达成共识。无论在商业层面还是文化层面，功能策划都不再具有确定性，因为它们随时都可能改变——无论是在建筑被设计的时候，在修建的过程中，还是在完成之后。（在拉维莱特公园中，有一个结构最初被设计为一个园艺中心，在其混凝土框架完成之后又被改作一个餐厅，最后则成为一个儿童绘画和雕塑工作室。）

在大尺度建筑（不断改变使用方式的厂房，或者在美国新出现的占地面积很大的摩天大楼）中出现的现象，对于极小尺度建筑也同样适用。建筑与其内容、使用方式以及可能的意义之间的因果关系已经不复存在。空间和对空间的使用是两个对立的命题，它们互相排斥，产生出无穷的不确定性。就像现代科学的发展瓦解了古典科学的机械主义和确定性幻象，混乱、冲突以及不确定性也进入了建筑领域。虽然在具体的或者自治的系统中依然存在着局部的确定性，但它们之间的分离关系仍是不可避免的。

而正是这种不确定的状态孕育了建筑新的发展。今天，大量新发现有望从以下两个彼此分离的建筑名词的拓展中孕育出来：空间（通过新的技术或者结构，或者借用哥伦比亚大学一次会议的题目：通过“胶水和芯片”）以及事件（通过策划、功能或者社会关系，通过“日常生活中的不寻常”）。新的媒体技术可以带来这两个方面的互换，例如既是建筑围合又是建筑表情的电子立面，它在定义空间的同时也激活了空间。

建筑既是空间又是事件的定义将我们带回对其政治性的关注，或者更准确地说，与社会实践有关的空间问题。如果建筑既不是纯粹的形式，也不仅仅被社会经济学或者功能性的限制所决定，那么对其定义的寻找必须扩展到城市尺度。当代城市之中复杂的社会、经济以及政治机制无不对建筑及其社会功能产生影响。空间始终在标示领域，即社会实践的环境；即使我们愿意，社会也无法脱离空间而存在。社会创造了空间，同时也成为空间的囚徒。正是由于空间是所有活动共同的框架，它时常被用于政治性目的——通过隐藏其所蕴含的社会矛盾来呈现某种一致的表象。

这种相连 / 分离的状态正是我们城市和建筑的特征。如今的世界是一个充满众多限制的、被错置的空间，在其中很难找到共同的立场。然而我们应当记住：无论是在建筑还是其他领域，任何社会性或者政治性的变革，都离不开那些超越了固有制度的运动和功能策划。如果没有日常的生活、运动以及动作，就没有建筑。正是这些方面中最具动态性的分离提供了建筑的新定义。

一、空间

写于 1975—1976 年

作为“建筑宣言”的烟火，1974

建筑的悖论

1. 绝大多数关注建筑的人都感受到某种幻灭和失望。20 世纪初提出的乌托邦构想没有一个得以实现，它们的社会目标也无一成功。那些构想受困于现实，变成了城市更新的噩梦，它们的目标则沦为了官僚的政策。社会现实与乌托邦的梦想彻底决裂，经济限制与对全能技术的幻想也被鸿沟隔绝。那些理解建筑手段局限性的评论家指出，这一历史性的决裂现已被对建筑概念重塑的尝试所绕开。在这一过程中，一种新的决裂产生了。它更为复杂，并不是建筑师的天真或对经济无知的表现，而是源于一个关乎建筑本质与核心的基本问题：空间。通过关注自身，建筑进入了一个无法逃脱的悖论，这一悖论在空间领域比在其他任何领域都明显：不可能在质疑空间本质的同时体验空间的实际应用。

2. 我并不想回顾建筑潮流或者它们与艺术之间的联系。我重视空间而非学科（艺术、建筑学、符号学等）并不是为了去否定学科分类。对不同学科进行融合是一条已经被反复尝试过的道路，它不再能提供具有启发性的方法。相比之下，我更想将注意力集中在“空间的悖论”以及这一状态的本质之上，以试图展示我们如何能够超越这种自我矛盾，即使得到的是我们不能接受的答案。我会从对这一悖论的历史文脉回顾开始，首先分析那些将建筑视为一种思想产物、一种非物化的或者思维性学科的观点，当然其中会涉及它们在语言学以及形态学上的差异（以金字塔为例）；然后我会讨论关注感受的经验性研究，以及空间的感受和空间与现实之间的关系（以迷宫为例）；最后我会讨论上述两个方面矛盾的本质，以及逃离这一悖论的几种方式之间的差异：其中包括转移这一争论的本质，比如通过政治；或者完全改变这一悖论本身（金字塔和迷宫）。

3. 从词源学的角度，定义空间意味着“使空间明确”以及“精确阐述空间的本质”。今天关于空间的众多迷惑都可以通过这种模棱两可的状态来阐述。艺术和建筑通常关注的是第一种理解；而哲学、数学以及物理学则在漫长的历史中一直尝试对空间进行不同的解读：无论是“一种可以容纳所有物质的物质”，还是“一种供思维对事物进行分类的主观的东西”。请记住：伴随着笛卡尔终结亚里士多德理论传统，即“空间和时间是能够区分‘感觉知识’的‘分类’”，空间变得绝对了。作为先于主体的客观存在，空间通过容纳感觉和身体来支配它们。空间是否是所有整体性的内在组成？这是斯宾诺莎（Baruch de Spinoza）和莱布尼茨（Gottfried Wilhelm Leibniz）提出的问题。回到关于分类的讨论，康德将空间描述为既非物质亦非存在于物质之间的一系列客观关系，它是一种理想化的内在结构，一种先决的意识，一种知识的工具。随后非欧几里得空间数学的发展及其所带来的拓扑形态并没有消除类似的哲学讨论。这些讨论随着抽象空间与社会之间的鸿沟逐渐扩大而重现。但空间总体上依旧被认为是一种“精神的东西”[1]，一种包含了诸如文学空间、意识形态空间以及精神分析空间等诸多子集的全集。

4. 从建筑的角度来看，“去定义空间”（使空间明确出来）直接意味

1 译者注：原文为 cosa mentale，意大利语，指“与精神相关的东西、事物”。

着“去划定边界”。“空间”在 20 世纪之前很少被建筑师讨论，然而到了 1915 年它被理解为 Raum[2]，其中隐含了德式审美以及“空间知觉”[3]或“被感知的体量”等概念。到了 1923 年，“被感知的空间”概念与构图的概念结合在一起，形成了一种三维的连续体，它能够按一定的学术规则被量化分割。从那时起，建筑的空间一直被认为是一种可均质延展的物质，能够以不同的方式被塑造，建筑的历史也被视为空间概念的历史。从希腊的“相互作用的体量的操控”到罗马的“被挖空的内部空间”，从现代的“室内外空间的互动”到“透明性”的概念，历史学家和理论家都将空间视为一种三维的块状物质。

将同一时期的哲学思考与建筑空间理论放在一起分析总是十分诱人，而这一操作最为集中地出现在 20 世纪 30 年代。吉迪恩（Sigfried Giedion）将爱因斯坦的相对论与立体主义绘画联系在一起，而立体主义的平面又被柯布西耶转译到了加歇别墅之中。尽管已经出现了空间—时间的概念，当时对于空间的理解还是停留在“一种简单的、无形的、被物理边界所定义的物质”。到了 20 世纪 60 年代晚期，建筑师从战后的技术决定论中解放出来，并了解到了最新的语言学研究。他们开始讨论广场、街道以及拱廊，并设问它们各自的语法和意义是否能够提供一种对于空间的解读。语言是先于这些社会经济学的城市空间出现，还是与之伴随而生，抑或在空间之后出现？空间是一种状态还是一种形成过程？说语言先于空间当然并非那么显而易见：毕竟在语言出现之前，已有众多人类活动的痕迹存在。那么空间与语言之间是否存在一种关系？我们能否“阅读”空间？社会现实与空间形式之间是否存在一种辩证关系？

5. 然而，理想的空间（思维过程的产物）与真实的空间（社会现实的产物）

2 译者注：Raum 为德语，意为“房间”“体积”。

3 译者注：原文为 raumempfindung，德语。

之间依然存在着一道鸿沟。虽然这样的区分从意识形态上讲并不是中立的，但是我们需要认识到它存在于建筑的本质当中。因此，那些能够跨越这一哲学鸿沟的成功尝试都包含了历史或者政治的概念，例如马克思早期著作中提到的广义“生产力”。法国与意大利的许多研究将作为一种“纯粹形式”的空间与作为一种“社会产物”的空间对立起来，将作为一种“媒介”的空间与作为一种“生产模式的复制方式”的空间对立起来。

这些政治哲学的评论提供了一种具有包容性的空间定义，从而避免了之前“个体”（片段化的社会空间）、“总体”（逻辑数学或者心理意义上的空间）以及“单体”（物理的、具有边界的空间）之间的脱节。然而随着将主要的关注点集中于历史性的过程，空间也被简化为维持政治现状的众多社会经济学产物之一。[4]

6. 在更为深入地探讨空间定义的矛盾之前，或许值得简要讨论一下建筑学对于空间的认识。建筑学中的空间概念既包括类似“一切都是建筑”这样具有包容性的描述，也包括黑格尔的极简定义。必须指出的是后者，因为它描述了建筑的一个本质性困境：当黑格尔完善他的美学理论[5]时，他按照传统区分出五种艺术，并给予它们相应的顺序：建筑、雕塑、音乐、绘画和诗歌。黑格尔从建筑开始展开讨论是因为他认为建筑在概念和历史上都先于其他艺术。黑格尔在这些早期论著中的不安是显而易见的。他的难堪并非因为他采用了保守的分类法，而是源于一个已经困扰了建筑师数个世纪的问题：一座住宅或者一座寺庙的功能、技术特征能否使其升华至超越这些特征本身？“遮蔽物”止于何处，“建筑”又从哪里

4 关于这些话题可以参考亨利·列斐伏尔在《空间的生产》（*La production de l'espace*, Paris: Editions Anthropos, 1973）中的解读，以及卡斯特和乌托邦组合的文章。同时可见伯纳德·屈米关于空间政治的《闪回》（“Flashback”），原载于《建筑设计》（*Architectural Design*）1975 年 10 月刊。

5 Friedrich Hegel, *The Philosophy of Fine Art*, vol.1. London: G. Bell and Sons, Ltd, 1920.

开始？建筑学讨论的是否是和“房子”本身无关的东西？黑格尔对这些问题给予了肯定的回答：建筑是房子之中与使用不相关的那部分：是对简单房子的“艺术补充”。然而，当我们尝试去构想一个脱离空间实用性的房子、一个除了作为“建筑”没有其他目的的房子的时候，这样的理论出现了问题。

虽然这样的问题可能无关紧要，但它却意外地回应了当下对于建筑自治的探索。半个多世纪以来，建筑学以科学作为伪装，将自己定义为工业化、社会学、政治学以及生态学的交汇；如今，建筑学是否不必再依赖某种有目的的外部需求而存在？

金字塔：描述空间的本质（或者建筑的非物质化）

7. 建筑师没有对黑格尔的“艺术补充”理论过于在意，也并不认为建成的建筑是他们唯一且必然的工作目的。他们对于“使建筑主动发挥其意识形态和哲学功能作用”的想法重新产生了兴趣。就像艾尔·李西斯基（El Lissitzky）以及维斯宁兄弟[6]设法否认实现作品的重要性，而强调一种建筑的态度一样，先锋派们也在概念领域进行了相当自由的探索。就像早期概念艺术家拒绝艺术商品市场及其异化效应那样，建筑师们的立场似乎也是合理的，因为除了“仅仅反映普遍的生产方式”之外，他们建造任何其他东西的可能性都非常小。

更为重要的是，众多历史先例都表现出一种矛盾性——其中一些可以被描述为对现实的逃离，另一些则可以被视为探索新的未知领域的活动。“什么是建筑？”布雷（Étienne-Louis Boullée）问道，“我是否会像维特

6 译者注：指 Leonid Vesnin、Victor Vesnin 以及 Alexander Vesnin。

鲁威那样将它定义为‘建造的艺术’？不。这种定义包含了一个愚蠢的错误，维特鲁威颠倒了因果。我们在制作之前必须要构想。我们的前人是在设想了茅屋的样子之后才开始建造的。正是这种思想的产物、这种创造构成了建筑，我们现在可以将其定义为修建一栋房子并使之达到完美的艺术。因此，建造的艺术性是次要的，我们可以将它称为建筑学中科学的那部分。”[7] 当建筑学的记忆重新发现自己的角色的时候，建筑的历史及其所包含的各种论述和宣言向建筑师证明，空间的概念可以通过写作和图纸实现，就像它也可以通过实际的建造来实现一样。

到了 1972 年，诸如此类的问题已经无需回答——“为什么我们不能去超越那些可以被建造的设计，而去发展那些只关注思想和建筑概念的设计？”“如果建筑作品包含了对于建筑本质的质疑，那么又是什么阻止我们将这种质疑本身转化为一个建筑作品？”[8] 人们开始重新认识到建筑概念的重要性。用于表达概念的媒介变成了建筑；信息是建筑；态度是建筑；基于文本的功能策划或者任务书是建筑；流言是建筑；生产是建筑；必然地，建筑师也是建筑。建筑师从建造过程中不可避免的概念妥协中解放出来，终于获得了创造实际物体所不能提供的感官愉悦。

8. 可以说，将建筑去物质化至概念的层面是那个时代的特征，而非某个特定先锋团体的特点。因此，这一特征向多个不同的方向发展，并引发了

---

7 Etienne-Louis Boullée, *Essai sur l'Art*, Perouse de Montclos ed. Paris: Herman, 1968.

8 关于建筑的意识形态危机以及激进建筑的诞生，参见杰尔马诺 · 切兰特（Germano Celant）所著《新的意大利景观》(*The New Italian Landscape*, New York: Museum of Modern Art, 1972)，此处引文出自原书第 320 页。

在意识形态上完全对立的运动，比如“激进建筑”[9] 以及“理性建筑”[10]。但它提出了极为重要的问题：如果建筑师决定下的一切都是建筑，那么何以将建筑与其他人类行为区分开来？对（建筑）[11] 身份的诉求表明，建筑师的自由并不一定等同于建筑的自由。

如果说建筑似乎已经脱离建造过程中的社会经济限制而获得了自由，任何激进的“反设计”和宣言则无可避免地陷入了画廊和杂志的商业圈。就像 20 世纪 60 年代中期的概念艺术一样，建筑似乎通过反对体制框架而获得了自治，但在这一过程中又成为了正统的一部分，成长为它所反对的东西。正如后文的政治分析所示，虽然有些建筑师倾向于彻底与建筑决裂，但是探索建筑自治则会不可避免地重新关注建筑本身，因为没有其他的文脉可以为它做好准备。问题因此变为：“建筑中是否存在一种超越了所有社会、政治以及经济系统的本质？”这一本体论的思考方式为一个已经被艺术理论家广泛传播的概念注入了新鲜血液：对黑格尔“补充”理论的研究得到了法国和意大利结构语言学研究的支持。与语言的类比一时间大量出现，其中一些很有用，另一些则非常幼稚并充满误导。在这些语言的类比中，有两个尤为突出。

9. 理论一宣称，黑格尔所指的“补充”，即附加于普通房子之上并构成建筑的那部分，会直接受到语义扩展的冲击，这种“补充”与其说是某种建筑，还不如说是其他事物的表达。于是，建筑沦为关于表达的空间:

---

9 “激进建筑”运动由超级工作室、阿基佐姆、UFO 等团体于 1963—1971 年间在佛罗伦萨发起。激进建筑探索了文化的破坏及其产物。如阿基佐姆声称：“现代建筑的最终目的是完全消灭建筑。”

10 理性建筑最早也最为重要的事件之一是由阿尔多 · 罗西组织的 1965 年米兰三年展，其目录由法兰克 · 安吉利（Franco Angeli）编辑，标题为《理性建筑》（*Architettura Razionale*, Milan: F. Angeli, 1973）。

11 译者扩注。

一旦它与普通房子区分开来，它就表达了自身以外的其他事物，如社会结构、国王的权利、神的概念等。

理论二则质疑将建筑理解为一种指涉自身以外意义的语言。这一理论拒绝将建筑理解为对社会价值观的三维翻译，因为按照这样的理解，建筑无非只是社会因素决定的语言学产物。这一理论于是宣称建筑物是一种纯粹的语言，而建筑本身则是对建筑符号无止境的语法和句法结构操作。比如，理性主义建筑变成了经过筛选的历史建筑元素语汇，其中包含了这些元素的对立、对比以及重新分配。这样的建筑不仅参照自身以及自身的历史，而且其功能——一个作品的存在理由——也由真实的变为虚拟的。于是，这样的语言自我闭环了，建筑也成为了真正自治的组织。形式不再遵从功能，而是参照其他的形式；功能则与符号建立起联系。最终，建筑与现实决裂，形式不再需要寻找外部的理由。在《反对》杂志的一篇批评文章中，曼弗雷多 · 塔夫里将阿尔多 · 罗西的建筑描述为“一个由精心选择的符号组成的宇宙。排他性的规则统治着这个宇宙，事实上也成为这个宇宙主要的表达”。这一理论所代表的建筑被称为“闺房中的建筑”（l'Architecture dans le Boudoir），这是因为对语言学实验的关注使得建筑与萨德侯爵[12]极其严谨的写作紧密地联系在了一起。[13]

于是，建筑的价值观与现实脱离，也独立于意识形态，它试图实现一种自 20 世纪 20 年代俄罗斯形式主义批判以来从未出现过的纯粹性。在 20 世纪 20 年代，人们宣称文学批评唯一有效的对象就是文字本身。而在这里，建筑的同义反复（或者说自己解释自己的建筑）成为了一种关于空洞符号的句法，它通常取自某个历史时期的选择性历史主义，如早期现代主义、

---

12 译者注：Marquis de Sade，著有《闺房哲学》（*La Philosophie dans le boudoir*）。

13 “对语言的回归证实了失败。有必要去审视这样的失败有多大程度是出于建筑领域内在的特点，又有多大程度是出于一种悬而未决的暧昧。”曼弗雷多 · 塔夫里在 1974 年 5 月出版的《反对：第 3 辑》（*Oppositions* 3）中，提出了一种对理论的传统方法的历史批判，将关注点从建筑批评转移到意识形态批评。

罗马风、文艺复兴的宫殿以及城堡。这些来自历史，又消除了历史限制的符号以及空间图解能否成为今天作品的生成素材？

10. 这是有可能的。建筑理论和艺术理论具有一个相同的特征：它们都循规蹈矩。于是刚才提到的一系列符号和表达，毫无疑问有可能成为建筑师不断寻找的、支撑学科的有用模型，即使我们还不清楚例如空间这样的非语言符号系统是否和语言系统一样，由概念发展而来。然而，这一研究最为重要的地方在于它对建筑本质而非建筑实践提出了质疑。这不禁让我们回想起对于建筑起源执着而充满假设的寻找：建筑的起点是制作复制品还是范型？如果建筑不能模仿某种秩序，它能否构造一种秩序，无论这一秩序是现实还是社会？如果没有现成的范型，建筑是否必须创造自己的范型？对于这些问题的积极的回答不可避免地暗示了某种建筑原型。但由于这样的建筑原型不能脱离建筑而存在，建筑必须自己生产出这样的原型。这样的建筑原型也因此成为了某种先于存在的本质。于是，建筑师再一次成为了“构想建筑形式却不实际操作物质的人”。他构想了“金字塔”这样一个终极的理性模型。建筑成为了“精神的东西”，而由建筑师构想的形式确保了思想对物质的统治。

迷宫：使空间明确（或对空间的体验）

11. “我是否需要在理性的金字塔洞穴内增强隔离？我是否应该下沉到无人触及和理解的深处，生活在更多由内心独白而非直接的现实所表达的抽象联系中？以修建坟墓为起点的建筑是否需要回到这个坟墓，回到彻底穿越历史的永恒沉默？建筑是否应该为虚幻的功能服务，并创造虚拟的空间？我将关注投向语言的抽象领域和去物质化的概念世界，这意味着将建筑从其错综复杂的元素——空间——中分离出来，从那些令人兴奋的差异中——伊利大教堂（Ely Cathedral）的后殿与中殿、索尔兹伯里平原（Salisbury Plain）与巨石阵、街道与我的起居室之间——分离出来。空间是真实的，因为它似乎能够先于我的理性影响我的感受。我身体的物质性与空间的物质性既契合又对立。我的身体包含着空间的属性和定义：上、下、左、右、对称、非对称。身体观察着，也聆听着。这就是感官的空间，一个迷宫，一个黑洞，它反对理性的投射，反对绝对的真理，反对金字塔。伦敦的苏荷区（Soho）以及布卢姆斯伯里（Bloomsbury），纽约的 42 街和西 40 街，这些地方被语言、文化或者经济扰乱并离解成性与思想专属的领地，而我的身体正是在这些地方试图重新寻找被遗失的统一，它的能量和冲动，它的节奏和波动……”

12. 这种纯粹感性的方法是 20 世纪对空间的理解和欣赏中一个反复出现的主题。在这里没有必要详细介绍 20 世纪的建筑所见证的那些先例。我们可以认为，当前的讨论似乎在两种理论之间徘徊：一是德国空间知觉理论中的美学分析，它提出空间能够通过象征性的“换位”[14] 而被“感知”，并能够影响人的内在本质；二是与施莱默（Oskar Schlemmer）在包豪斯的研究相呼应的理论，它提出空间不仅是感受的媒介，也是对理论的物质化。比如，因为舞蹈能够明确空间并将其秩序化，故而舞蹈中的运动被视为一种“实现空间创造冲动的基本手段”而受到重视。将舞蹈家的运动与更为传统的定义和明确空间的方式（如墙和柱子）进行类比，是非常重要的。在 20 世纪 60 年代中期，舞蹈家特里莎 · 布朗（Trisha Brown）以及西蒙尼 · 福蒂（Simone Forti）重新引入了这一空间讨论，促使理论与实践之间，以及理性与感知之间的关系发生了又一次转变，“理论的实际运用”也不再仅仅是指示性的概念。艺术语言的实践无法

14 译者注：原文为 einfühlung，德语。

延续到空间中：如果说关于艺术的讨论就是艺术，并可以直接被展示出来，那关于空间的理论讨论肯定不是空间。

这一引发新的空间认知的尝试，重新提出了一个基本的哲学问题。请设想你位于一个等高、等宽的封闭空间之中，你是否可以仅仅通过观察，而在不进行任何附加解读的情况下认识到这个正方体的存在？不。你并没有真正看到这个正方体。你可能看到了一个角落，或者一个面，或者天花板，但绝没有同时观察到所有定义这一正方体的表面。你摸到一面墙，你听到了回声。那么，你如何将所有这些感知与一个单一的物体联系起来？是通过一种理性的操作吗？

13. 这一理性的操作，出现于将正方体认知为正方体之前，反映在概念—行为艺术家们使用的方法中。当眼睛给予你关于立方体各个连续部分的提示之时，艺术家则给出了关于立方体概念的提示，通过理性的中介[15]来刺激你的感官。这种换位或者镜像是非常重要的，因为对“表演”空间的新的认知，以及引发这一作品的理性手段之间的相互作用正是建筑过程的一个典型方面：它是一种对明确空间的认知机制——这里的“明确空间”是完整的表演空间，包括运动、思想、演员接收到的指令，以及表演所发生的社会和物理环境。然而，这种行为表演最有趣的部分并非对于某种特定空间的塑造和认知，而是对于普遍意义上的“空间本质”的潜在讨论。

在最近的一些作品中，词源学上的区分重复出现并达到了顶峰。如布鲁斯 · 瑙曼（Bruce Nauman）、道格 · 威勒（Doug Wheeler）、罗伯特 · 埃文（Robert Irwin）以及迈克尔 · 亚瑟（Michael Asher）设计的一系列空间，被简化为定义一个普通立方体边界六个表面的冷淡极简，而不是对空间进

15 译者注：原文为 intermediary。

行精致刻画。他们的关注点在别处。通过将对视觉和物理感知的刺激控制在最低水平，他们彻底改变了对空间的常规体验。由于在这里几乎无法进行敏锐的感知，观看者的注意力不可避免地转回到自己。借用杰尔马诺·切兰特（Germano Gelant）的说法，在“被剥夺的空间中”，“参与者”成为了唯一的主体，他们只能感受到自己的幻想和激动，也只能回应来自自己身体的低密度信号。身体的物质性与空间的物质性重合在一起。通过将遥远的外部空间和社会文脉隔离开来，这些主体只“感受他们的感受”。

14. 类似的空间是否可以被视为对20世纪初行为主义空间（人们曾期待它们能够激发反应）的怀旧，或者是空间知觉理论最新的展现（如今已不再具有道德和美学暗示），其关键并不在于理论层面，而在于其具有双重内涵：它们“使空间明确”（尤其是去定义空间）的方式只是将人们拉回对于“空间本质”的解读。与之前讨论过的理性的金字塔不同，黑暗的空间感受更像是一个迷宫，它能强化所有的感受和感觉，但不能提供任何能帮助逃离的全局性提示。偶然的理智并没有太大的帮助，因为在迷宫中的认知意味着即时性。与黑格尔经典理论中对于认知时刻与体验时刻（人通过知觉，从一个已被认知的事物上理解到一个新的事物）的区分不同，比喻性的迷宫意味着认知开始的时刻就包含了体验本身。

所以，我们不必感到惊讶：或许根本没有办法逃离迷宫。德尼斯·霍勒尔（Denis Hollier）在他关于乔治·巴塔耶[16]的书中指出，培根和莱布尼茨都将迷宫与逃离的欲望联系在一起，而科学则被视为找到出路的途径。巴塔耶反对这样的解读，他指出，这种解读的唯一效果只是将迷宫转变

16 见德尼斯·霍勒尔《协和广场》（*La Prise de la Concorde*, Paris: Gallimard, 1974），书中指出了迷宫与金字塔的对立。同时可参见乔治·巴塔耶著《色情》（*Eroticsim*, London: Calder, 1962）以及《全集》中的《内在的体验》一文（“L'Expérience Intérieure,” in *Oeuvres Complétes*, Paris: Gallimard, 1971）。

为一个无聊的监狱，并将迷宫比喻的传统意义颠倒：我们不再知道我们是在迷宫内还是迷宫外，因为我们不能仅看一眼就掌握它的全部。就像语言给予我们文字并将我们包围，我们又用文字来突破语言的包围一样，体验的迷宫也包含着众多可供突破的开口，虽然我们无从知晓它们是朝内还是朝外。

金字塔和迷宫：建筑的悖论

15. 如果单独挑出几个关注点（比如语言的理性运用和与之对立的感觉体验）只是为了制造思想和身体之间的幼稚对立，那么这无非只是一个乏味的游戏。建筑先锋派们已经多次讨论过类似的对立，如结构与混乱、装饰与纯粹、永恒与改变、理性与直觉。而在多数情况下，这些对立面其实是互补的：基于本体论的建筑去物质化分析（金字塔）和感性的体验（迷宫）并无区别。但是，如果这一等式的存在并没有对其互补性提出质疑，它至少明确地提出了这样一个问题，即这一等式如何能够超越那种自说自话的术语的恶性循环？

答案或许藏于这一等式存在的文脉之中。对那些关注建筑具体本质的分析甚至作品的一个常见指控是：它们“存在于平行世界”，或者说它们只存在于社会和经济力量都恰好消失了的理想世界中。（在这样的世界里）[17] 建筑不影响生产的决定性力量，而只是个体表达的无害形式。在此，我们有必要简要讨论一下建筑与政治之间关系的暧昧特征。

16. 以下观点在过去数年中已经被深入研究过了：建筑与城市规划的角色是通过将社会结构忠实地转译成建筑或者城市，实现对社会机构的图

17 译者扩注。

像投射。这些研究强调了建筑作为政治工具的困境。其中一些研究回顾了20世纪20年代俄国革命中关于“社会凝聚器”那怀旧又微弱的呼喊：将空间作为一种推动社会和平转变的工具，或者一种通过创造新的生活方式来改变个体与社会关系的途径。然而那些“俱乐部”或者社区建筑的提案，不仅需要立足于已存在的革命性社会，同时还体现出对于行为学的盲信，即认为个体的行为可以被空间的组织所影响。即使空间的组织有可能暂时改变个体或者群体的行为，这也并不意味着它能够改变一个保守社会的社会经济结构，意识到这一点后，建筑革命家们开始寻找更好的战场。他们对建筑的社会意义（如果不称之为“革命性”）的探寻在1968年5月事件之后达到了高潮，具体体现为那些“游击队建筑”，它们的代表和象征价值体现在对于城市空间的占领，而非对于建筑的设计。在文化界的前沿，意大利“激进”设计师们提出了对于既存价值体系进行超现实主义解构的方案。这种社会和经济变革的虚无主义的先决条件是一种绝望的尝试，即用建筑师的表达方式，通过将制度的动向翻译成建筑语汇来抨击它们。这些提案通过设计城市的绝望未来，讽刺地“证实了系统前进的方向”。

但更为现实的提案还是来自对生产系统的质疑，这一点并不令人惊讶。这些提案致力于重新配置资本主义的劳动力分工，对于技术在建造活动中的角色提出了新的理解，即技术是生产周期的直接参与者。由此，建筑开始被视为“对建造过程的统筹组织”。

17. 然而，艺术家或者建筑师那些不真实的（或者说不现实的）立场或许才是真正的现实。除了上述最后一种态度，绝大多数政治尝试都预料之中地被建筑院校拒绝了，因为这些院校试图将它们自己的环境知识提供给革命。黑格尔的“补充”理论是否具有正确的革命优势？长期孤立于外部世界的建筑，是否比那些强调客观现实意义的建筑工业和社会住宅更具有革命力量？建筑的社会功能是否正在于其功能的缺失？事实上，建筑或许没有其他的立场。

就像超现实主义者无法在丑闻和社会认可之间找到合适的妥协，建筑似乎也在自治和承诺，或者说如席勒（Friedrich Schiller）过时的“谈论玫瑰的勇气”和社会之间进退两难。如果建筑作品承认对意识形态以及经济条件的潜在依赖而放弃其自治性，它就接受了社会的机制；而如果建筑按照学科自治的立场将自我保护起来，它又无法逃脱现有意识形态的分类。

于是，建筑似乎只有在否定社会所期望它呈现的形式来保留自己的本质时，才能够幸存。因此，我想要指出：其实根本没有任何理由去怀疑建筑的必要性，因为建筑的必要性正是源于它的不必要性。建筑是无用的，而它的无用却又如此激进。这种激进性给予了它面对一个利益至上的社会的力量。建筑不是晦涩的艺术性补充，或者对经济系统合理性的文化辩护，而更像是一场烟火。如阿多诺（Theodor W. Adorno）所说：“这些经验性的幽灵创造了不能被买卖的愉悦，它没有交换的价值，也不能被纳入生产系统。”[18]

18. 因此，不出意料，建筑的不必要性，或者说它必然的孤独性，使得它将关注点转向了自身。如果建筑的角色不为社会所定义，那么它就必须进行自我定义。直到 1750 年，建筑空间都以古代先例为范型。在那之后到 20 世纪，这种基于经典的、统一的参照已逐渐变为由社会所决定的功能策划。面对当前存在于本体论讨论和感性体验之间的对立，我

18 参见伯纳德 · 屈米 1974 年所作《烟火》（“Fireworks”），节选自《一个空间：一千个文字》（*A Space: A Thousand Words*, London: Royal College of Art Gallery, 1975）。“是的，就像你的运动中包含的所有情色力量都被无意义地消费那样，建筑也不得不被徒劳无功地构思、建立、毁灭。在此意义上，最伟大的建筑应该是烟火：它完美地展示了快感无谓的消耗。”

很清楚，如果要指出这两者是密不可分又彼此排斥的，需要做出进一步的澄清，而澄清的起点是描述一个不可摆脱的悖论，它既存在于概念的金字塔与感受的迷宫之间，也存在于作为概念的非物化建筑与作为一种存在的物化建筑之间。

我在此重申：这一悖论并非在于无法同时认知建筑概念（立方体的六个面）和真实空间，而在于无法在质疑空间本质的同时体验或创造真实的空间。除非我们能找到一条路逃离建筑，而去关注普遍意义上对建造过程的组织，这一悖论会始终存在：建筑由相互依存又互相排斥的两个方面组成。的确，**建筑构成了体验的现实，而这一现实又影响了对于整体的理解；建筑构成了对绝对真实的抽象，而这一绝对真实又影响了我们的感受。**我们不可能在体验的同时思考我们的体验。正如“狗的概念无法吠叫”[19]，空间的概念也并不来自空间。

同样地，建筑的现实成果（建造）战胜了建筑理论，又是建筑理论的产物。理论和实践之间存在辩证关系，但在空间中，对于概念的转译以及现实对抽象的克服，都包含着这一辩证关系的消解或者其完整性的破坏。这或许意味着，建筑在历史上被首次认定为“永远不可能存在”。（建筑）致力于推动社会进步的伟大战役失败了，建筑原型所许诺的安全性也被瓦解。建筑被对它的质疑所定义，成为一种对缺失、缺点、不完整性的表达——建筑总是缺失着什么，要么是现实，要么是概念。建筑既存在又不存在。如果不去直面这一悖论，剩下的唯一出口只有沉默，而这种虚无主义的态度可能会为现代建筑的历史带来它的终极宣言：自我毁灭。

19. 在结束对作为悖论的建筑的简要探讨之前，似乎有必要指出一种既能接受这一悖论，又能避免其所暗示的沉默的方法。这一结论可能不被

19 出自巴鲁赫·斯宾诺莎，在亨利·列斐伏尔与作者 1972 年在巴黎的对话中被引用。

哲学家所接受，因为它改变了建筑的主体——你和我；这一结论对于那些试图掌控科学主体的科学家，或者试图将主体客体化的艺术家而言，也都是不可接受的。

让我们首先来审视迷宫。在之前的讨论中，我们已经了解，迷宫可以被视为一种空间的缓慢历史，而对于迷宫的完整展现在历史意义上是不可能的，因为完成超越的时间点并不存在。我们可以参与并分享迷宫的基本原理，但是我们所认知的只是迷宫展现的一部分。我们无法完整地看到迷宫，或去表达它的全貌。我们被迷宫所俘获，无法离开它并看到它的全部。但是，就如伊卡洛斯（Icarus）朝向太阳飞走那样，逃离迷宫的路径是否通过主体对某种先验客观性的投射，存在于对金字塔的塑造之中？很遗憾并不是这样的。迷宫不会被控制。金字塔的顶部是一个虚构的地方，伊卡洛斯在那里跌落：迷宫的本质使得它能满足所有的幻想，包括金字塔的幻想。

20. 然而，迷宫及其空间体验的重要性存在于其他地方。无论是金字塔，还是对于建筑客体的分析，或者对于建筑形式和元素的分解，都与主体的问题割裂开来。和之前提到的空间实践一样，人们体验到的感性的建筑现实并不是一种通过理智转化的抽象客体，而是一种直接的、实在的、充满了主观性的人类活动。这种对于主体的重视，与哲学或者历史领域对现实认知的客体化尝试（例如与生产的联系）截然相反。讨论迷宫及其实践正是在坚持其主体性的方面：它是个体化的，并且需要直接的体验。与黑格尔的体验论不同，[20]这种直接性更接近于巴塔耶的“内部体验”，它将感性的愉悦与理性联系在一起，引入了对于内部和外部空间，以及私密和公共空间新的认识。它提出了不相关的条件之间新的对立，以及

20 译者注：原文为 erfahrung，德语。

同质化空间之间新的关系。然而，这种直接性并不优先于经验性的条件，**因为只有通过承认建筑的规则，空间的主体才可能到达体验和感知的深处。就像情色创作一样，建筑既需要系统，也需要过量。**

21. 被这一“体验”所影响的可能远远不止作为其主体的人。我们当下的社会被理性和对非理性的需求拉扯，迈向了其他的方向。如果系统和过量并存是当下社会的症状，我们可能需要将建筑视为这一变化的实践中不可缺少的组成部分。在过去，建筑为社会提供了语言学的隐喻（如城堡、结构、迷宫）。而现在，它可能提供文化的模型。

只要社会实践依旧拒绝直面理想空间与真实空间之间的悖论，想象——内部的体验——就可能成为超越这一悖论的唯一途径。通过改变当前针对空间和其主体的普遍态度，超越这一悖论的梦想甚至可能为社会态度的更新提供条件。就像情色作品是关于过量的快感，而非快感的过量，解决这一悖论需要将建筑的规则和快感的体验进行富有想象力的结合。

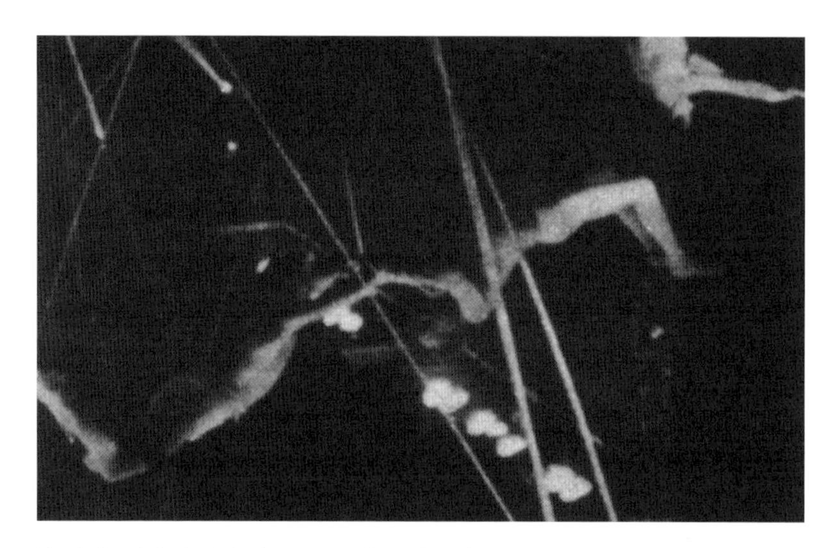

埃瓦尔德·安德烈·都彭（E. A. Dupont），《种类》，1925

空间的问题

1.0 空间是否是一种物质，而它容纳了其他所有物质？

1.1 如果空间是一种物质，那么它有边界吗？

1.11 如果空间有边界，那么在这些边界之外是否存在着另外的空间？

1.12 如果空间没有边界，那么物质是否可以无限延伸？

1.121 既然空间的任何有限范围都可以被无限划分（因为任何空间都能够包含更小的空间），那么空间的无限集合能否形成一个有限的空间？

1.13 无论如何，如果空间是物质的延伸，那么能否将空间的一部分与另一部分区分开来？

1.2 如果空间不是物质，那么它是否仅仅是物质性事物之间的空间关系的总和？

1.3 如果空间既不是物质，也不是一系列客观存在于物质之间的关系，那么它是思维用来对事物进行分类的某种主观的东西吗？

1.31 如果思维的结构为对外部世界的感知强加了一种先验的形式（先于任何的体验），那么空间是这样一种形式吗？

1.32 如果空间是这样一种形式，那么它是否先于其他所有的认知？

1.4 如果从词源的角度，“定义”空间意味着同时“使空间明确”以及“描述空间的确切本质”，那么这是否是空间的根本悖论？

1.5 从建筑的角度看，如果定义空间指的是“使空间明确”，那么使空间明确是否就定义了空间？

1.51 如果建筑是将空间明确出来的艺术，那么它是否也是一种描述空间确切本质的艺术？

1.6 建筑是空间的概念，还是空间本身，或者是对空间的定义？

1.61 如果关于空间的概念不是空间，那么空间概念的物质化是否是空间？

1.611 所谓概念空间是否指的是以概念为组成物质的空间？

1.612 以此推理，对空间概念的物质化的体验是否就是对空间的体验？

1.62 如果对空间概念的物质化是一个空间，那么空间是空间中非其本身的那一部分吗？

1.63 如果建筑的历史是关于空间概念的历史，那么空间是否是一种均质延伸的物质，在建筑空间的起始处塑造为以下几种形式：①体量及体量间相互作用的力量；②被挖空的室内空间；③内部与外部空间的相互作用；④不在场的存在？

1.631 风格派立面与巴洛克立面的区别是否来自它们各自所定义的微空间？

1.7 如果欧几里得空间被局限为三维的物质体块，那么非欧的空间是否被局限为一系列发生于四维空间—时间的事件？

1.71 如果其他的几何学能够比欧几里得几何学提供更清晰的对空间的理解，那么伴随着更高维度的空间的建立，空间的本质是否也发生了改变？

1.72 拓扑学是否是一种能够创造空间理论的思维构建？

2.0 所有人对空间的认知是否都相同？

2.1 如果（不同人的）认知不同，那它们所创造的不同世界是否是每个人过去体验的产物？

2.2 如果空间意识基于的是个体的经验，那么对于空间的认知是否是一个过程性的构建，而非一个现成的图示？

2.21 这些过程性的构建是否包含了在一定程度上不变的元素，比如原型？

2.3 空间的原型是否一定具有普遍适用的基础本质，或者能够包含个体的特质？

2.4 如果空间是一种基础的、先验的意识，并且独立于物质，那么它是一种知识的工具吗？

2.5 知识的工具是否是体验的媒介？

2.51 如果说体验属于实践的范畴，那么空间是否也与实践密不可分？

2.52 从建筑的角度看，如果空间是理论物质化的媒介，那么空间是否是对建筑概念的物质化？

2.6 建筑物质化的结果是否注定是物质的？

2.61 建筑去物质化的结果是否注定是非物质的？

2.7 对空间的体验是否是对空间概念物质化的体验？或者是对任何概念物质化的体验？

2.71 几何学的空间概念是否能够被基于个体空间体验的概念所取代？

2.72 空间的体验能否决定体验的空间？

2.73 虽然这样的问题被认为是荒诞的，但（建筑的）空间是否能够独立于发生体验的身体？

2.8 如果空间既不是一种外在的物体，也不是一种内在的感受（由印象、知觉以及情感组成），那么空间是否和我们自身不可分割？

2.81 客观的社会空间和主观的内在空间是否是密不可分的？

2.9 空间是否是一种表达我们在世界上“存在”的结构？

3.0 是否存在一种关于空间的语言（一种空间—语言）？

3.1 将社会中所有空间综合在一起，能否构成一种语言？

3.1 1 是否这一全集中的一部分也是一组空间（当然也可被称为“空间的空间”）？

3.1 2 如果（单数、无穷的）空间是集合、恒定的，那么（复数、明确的）空间是否是独立、可变化的？

3.2 如果明确的空间可以被指代，那么它能否变为一个符号（一个具有指代意义的形式）？

3.2 1 如果明确的空间可以成为一个符号或者象征，那么它是否能够指代一种思想或者一个概念？

3.3 （仅针对语言学家）如果空间只是一种事物，那么①它是否能够决定思想和语言？②它能否与思想一起被语言决定？③它能否和语言一起被思想决定？

3.3 1 （对于非语言学家的我们）是否存在如下关联：①↔②↔③↔①

3.4 如果空间是对一个想法或者一种思想所指的表达，那么一个空间是否可以通过与文脉中其他所有空间的关系，或通过对其他空间的隐喻来实现自身的意义？

3.4 1 如果语言存在不同模式和使用方式，那么空间是否也可以被划分为科学的、虚拟的、技术的、逻辑数学的、虚构的、诗意的、修辞的或者批判性的？

3.4 2 对于空间的众多意义、模式以及使用方式所进行的明确分类，是否会摧毁对于空间的体验？

3.4 2 1 （作为风格形式的）空间是否可以与作为一种意义维度包含在建筑之中的空间区分开来？

3.5 在任何情况下，空间的概念是否记录并代表了所有可能的、或真实或虚构的空间？

3.5 1 如果对于所有可能空间的理解无差别地包含了社会、精神以及物理空间，那么对于生活空间、认知空间以及构想空间的区分，是否是这一理解的必要条件？

4.0 空间是否是历史性时间的产物？

4.1 黑格尔的历史终结论是否意味着作为历史产物的空间的终结？

4.2 从另一个方面看，如果历史不会终结，而历史性时间是马克思所述的“革命的时间”，那么空间是否会失去其主要角色？

4.3 如果空间既不是一种社会产物（一个最终的结果），也不是一种纯粹的类别（一个起点），那么它是一种中间的状态（一种中介）吗？

4.4 如果空间是一种中间的状态，那么它是否是国家掌握的一种政治工具，一种社会模型和投影？

4.5 如果空间是反映生产方式的三维模型，那么它能够维系国家的存在吗？

4.6 如果三维空间不能维系国家的存在，那么空间是否是对生产方式进行再生产的手段？

4.6 1 如果空间不仅仅是物体被生产和交换的场所，那么它是否成为了生产的产物？

4.6 2 如果政治经济学的真理能够渗透到革命的真理中，那么生产的概念能否渗透到空间的概念中？

4.7 革命的真相是否存在于对主体性的永恒表达之中？

伯纳德·屈米，《建筑广告》（*Advertisement of Architecture*），1975

建筑与越界

越界打开了一扇大门，使我们可以超越那些通常可见的界限，同时维持界限不变。越界是对于这个世俗世界的补充，它是对界限的超越，而非破坏。

——乔治·巴塔耶，《色情》（*Eroticism*）

关于禁忌和越界的问题在建筑领域极少被提到。尽管社会中隐秘存在着各种对于犯罪、放纵以及违反禁令的喜好，但建筑理论家始终保持着一种清教徒式的偏好。他们轻松地讨论着规则，却极少争论如何去越过这些规则。从维特鲁威到夸特梅尔·德·昆西（Quatremere de Quincy），从迪朗（Jean-Nicolas-Louis Durand）到现代主义的推崇者，建筑理论主要的关注点集中于对规则的推敲，无论是基于对历史传统的分析，还是基于一种“新的人”（如20世纪20年代的建筑师构思的那样）。从鲍扎体系[1]到电脑辅助设计，从功能主义到类型学，从已有的规则到新创造的规则，一直存在着一个由保护性的训诫准则组成的、全面而永恒的网络。然而，这里我并不想去批评关于规则的讨论，或者提出新的规则。相反，我在这篇文章中想要陈述的是：越界是一个整体，而那些建筑规

1 译者注：原文为 systèm des Beaux-Arts，法语，也常译为“布扎体系”或“巴黎美术学院体系”。

则只是这一整体的组成部分。

然而在讨论越界之前，有必要回顾一下两种观点之间的悖论关系：其中一种观点认为建筑是一种思想的产物、一种概念性的非物质领域，而另一种观点则认为建筑是一种空间的感性体验、一种空间实践。

第一部分：悖论

> 如果一个人对于绝对有着无可救药的激情，对此他除了不断地自相矛盾和调和相反的极端，没有其他的出路。
>
> ——弗雷德里希 · 施莱格尔（Friedrich Schlegel）

在这里，被写下的文字成为了建筑表达的一部分。无论笔者是使用文字、平面图还是照片，这本书的每一页都可以联系到那个神秘的死亡世界：它享有位于边界外的特权，它在建筑之外，也在空间的现实之外。文字和平面图都脱离了真实的生活、主观性以及感性，被精神世界的构建保护着。即使当印刷物上的文字变成了喷涂于城墙上的口号，它们也仅仅是一种讨论。布雷的名言“思想的生产构成了建筑”仅仅指出了概念性目标对于建筑的重要性，却完全没有提到空间体验的感性现实。

在伦敦的一次关于概念建筑的会议[2]中（不出意外地，绝大多数与会者同意“所有建筑都是概念性的”），与会者强调了那个似乎困扰着建筑的奇怪悖论：不可能在质疑空间本质的同时创造和感受真实的空间。这一争议间接地反映了过去十年中建筑界普遍的态度。如果说建筑生产

2　该会议于 1975 年举行，参与者包括彼得 · 艾森曼（Peter Esienman）、罗斯李 · 哥德堡（RoseLee Goldberg）、彼得 · 库克（Peter Cook）、柯林 · 罗（Colin Rowe）、约翰 · 斯蒂扎克（John Stezaker）、伯纳德 · 屈米、塞德里克 · 普莱斯、威廉 · 艾尔索普（Will Alsop）、查尔斯 · 詹克斯（Charles Jencks），以及约瑟夫 · 里克沃特（Joseph Rykwert）。

的政治含义在 1968 年危机之后的数年中已经得到了充分强调，那么随后出现的黑格尔式反应则揭示了“建筑是房子中和使用无关的那部分”[3]。当然，在更广泛的意义上，正如一些城市政治理论家们所指出的，建筑也不是占统治地位的社会经济结构的简单三维投射。强调黑格尔所提出的“对普通房子添加的艺术补充”（或者使房子成为“建筑”的非物质属性），并不是为了回归关于技术和文化价值的传统二分论；恰恰相反，它为那些并不以建成房子作为唯一目标的“激进”建筑师提供了一个暧昧的先例。20 世纪 60 年代晚期一些意大利和奥地利的激进团体的作品，最初曾被作为强调建筑“先锋态度”并拒绝资本主义限制的意识形态手段，实际上都是将建筑去物质化到概念领域的尝试。[4] 随后出现的“一切都是建筑”的宣言更接近于概念艺术，而非强调包容的折衷主义。但是，如果一切都是建筑，建筑如何能够将自己与其他人类活动以及自然现象区分开来？

20 世纪 60 年代法国和意大利结构语言学的发展提示了一种可能的答案：用语言类比建筑的做法广泛出现，其中一些是有用的，另一些则充满误导性。这些比喻的主要特点在于它们对于概念的坚持。无论这些理论家宣称建筑始终代表了超越自身的意义（上帝的概念、机构的权力等），还是将建筑解释为由社会因素决定的（语言学）产物（并因此坚持建筑的自治性，即建筑仅以自身及其语言和历史为参照），这些宣言都通过使用一些陈旧的概念，如类型和模型，重新引入了旨在控制建筑作品的规则。[5]

3 Friedrich Hegel, *The Philosophy of Fine Art*.

4 参见 *Casabella* 以及《建筑设计》杂志对超级工作室、建筑伸缩派等团体以及汉斯 · 霍莱因（Hans Hollein）、沃特 · 皮克勒（Walter Pichler）、雷蒙 · 亚伯拉罕（Raimund Abraham）等个人作品的记录。

5 出自《“理性建筑”展览目录》，该目录信息参见《建筑的悖论》一文注 10。

这一持续的针对建筑本质的质疑强调了在建筑争论和日常体验之间不可避免的割裂。[6] 建筑的悖论又一次浮现：从定义上看，建筑概念与空间体验无关。我们无法在质疑空间本质的同时去创造或者感受真实的空间。理想空间与真实空间之间复杂的对立在意识形态上当然不是无倾向性的，而它所暗示的悖论则是根本性的。

于是，建筑徘徊于感性和对精确性的追寻之间，对诱惑的变态执着和对绝对性的追求之间，这些由它提出的问题似乎也定义了建筑。建筑是否正是由两个相互依存又互相排斥的方面组成？建筑是否构成了主观体验的现实，而这一现实却妨碍了整体的概念？建筑是否构成了绝对真理的抽象语言，而这一语言却阻碍了感受？建筑是否因此一直是一种对缺失、缺陷或者不完整的表达？如果是这样，建筑是否必然会偏离现实和概念其中之一？是否这一悖论的唯一出路就是沉默——一个虚无主义的宣言，而它将以自身的毁灭成为现代建筑历史的一个终极宣言？

提出这样的问题并非玩弄口舌。虽然我们可以很容易地对这些问题给予肯定的答案，并接受这一悖论可能带来的消极结果（就像过去笛卡尔与休谟、斯宾诺莎与尼采，以及理性主义者与空间知觉象征主义者[7] 的哲学争论那样）。然而，更让人感兴趣的是去提出另一种绕过这个悖论的方法，去反驳这个悖论暗示的沉默，即使这个替代方案被证明是令人难以接受的。

6 参见：《一个空间：一千个文字》（见《建筑的悖论》一文注 18）；《空间的编年史》（*The Chronicle of Space*），该书收录了伦敦建筑联盟学院 1974—1975 年的学生毕业设计；伦敦建筑联盟“真实的空间”（the “Real Space”）会议与会者还包括杰尔马诺 · 切兰特、丹尼尔 · 布伦（Daniel Buren）、布莱恩 · 伊诺（Brian Eno）等。

7 在这里没有必要详细叙述 20 世纪的先例。可以说，当下的讨论在两种理论之间摇摆：其一是 20 世纪初的德国空间知觉理论，它认为空间可以被感知为通过象征性的换位（einfühlung）影响人内在本质的东西。另一种理论则回应了奥斯卡 · 施莱默在包豪斯的工作，它认为空间不仅是体验的媒介，而且是将理论物质化的过程。

第二部分：色情

> 在思想中似乎存在这样一个地方：在那里，对生命和死亡、现实和想象、过去和未来、可交流的和不可交流的感知都不再被视为完全对立。
>
> ——安德鲁·布里顿，《第二个宣言》（Andre Breton, *The Second Manifesto*）

悖论总是含糊其辞，它们的话语真真假假，虚虚实实。任何意义都必须结合其他意义一起理解。“说谎者悖论”[8] 的体验就像站在两面镜子之间，其含义被无限地反射。从根本上看，悖论是一种猜测。为了去探索悖论，我们有必要思考两个对应关系[9]，否则其他的讨论会令人费解[10]。

8 译者注：原文为 the liar paradox，哲学与逻辑学的经典悖论之一，包含类似“我在撒谎”或者“这句话是谎言”等引发自我矛盾的论述。

9 两个镜子之间无穷的冲突构成了一个空洞（void）。就像奥斯卡·王尔德（Oscar Wilde）曾经指出的那样，理智需要依靠记忆来守护悖论。通过吸收和反射各种信息，这些镜面（以及思维）变成了一个车轮，一个圆形往复的系统。在建筑领域，理想空间与真实空间的镜面之间也存在同样的情况。建筑的记忆曾经被长期困禁于一个被遗忘的世界，在那里只有技术进步是有意义的，而现在它回归了。参见：安东尼·格兰巴克《建筑与记忆的必要证据》（Antonie Grumbach, “L ‘Architecture et l’ Evidente Nécessité de la Mémoire,” *L’Art Vivant*, No.56, January 1975）。

10 我在这里讨论的仅仅是通过“主观”之外的空间来提供解决悖论的方法。这一论点也可以被扩展到建筑图纸不可被量化的快感以及所谓的“概念的体验”。比如描绘中国的表意文字意味着双重的快感：对绘画过程的体验使得它自身成为了文字象征意义的实践，或者说文字的意义被感性地物质化了。在这一悖论的基础上，我们甚至可以尝试利用无意识的手段来揭示建筑概念的作用方式。尤其是如果我们承认人类的一切活动都隐含着某种性冲动，我们也可以将某些建筑概念视为对一些升华的模型的表达。见丹尼尔·西伯尼（Daniel Sibony）在《精神分析和符号学》（*Psychanalyse of Sémiotique*, Paris: Collection Tel Quel, 1975）中的文章。

第一个对应关系

第一个对应明显而直接，它是与色情的对应。请不要将色情和感性混淆起来，色情不仅仅意味着感官的快感。感性与色情的差别就像一个简单的空间与建筑之间的差别。“色情并不是快感的过量，而是过量的快感”——这一广为人知的定义支持了我们的论点。就像对于空间的感官体验不能构成建筑，单纯的感官快感也不能构成色情——相反地，“过量的快感”需要意识和肉体的双重参与。就像色情意味着包含心理构建以及感受的双重快感，建筑悖论的消除也需要建筑的概念与直接的空间体验共存。从这个角度看，建筑具有和色情相同的状态、功能以及意义。在概念与体验的交汇处，建筑仿佛成为了个体和普世两个世界的图像。色情也一样：它的概念可以导致快感（过量），所以色情是个体的；而色情从本质而言又注定是普世的。因此，色情包含着个体（你和我）感性的快感，又包含了历史性的询问以及终极的理性。建筑可以被视为一种终极的色情物体，因为如果一个建筑操作能够达到过量的程度，它将成为唯一能够同时揭露建筑历史轨迹以及自身感受的方式。[11]

第二个对应关系

在第二个对应中，理想空间与真实空间的交汇被赋予了不同的理解。第二个对应关系非常具有普遍意义，不可避免地包含了当前众多不同的论点。这不亚于将生与死的类比应用于一个著名的建筑问题。

每个社会都希望建筑能够反映它的理想并安抚其深处的忧虑。建筑及建筑理论家们很少去否定那些社会所期待的形式。路斯对于装饰的内

11　对于建构概念以及空间的感性体验之间关系的研究十分稀缺：“任何知识的来源，在于人的肉体感官对客观外界的感觉，否认了这个感觉，否认了直接经验，否认亲自参加变革现实的实践，他就不是唯物论者。”屈米引自英文版毛泽东《实践论》，收录于：《四篇哲学论述》（*Four Essays on Philosophy*），北京：外文出版社，1966。

在罪恶的著名抨击与现代主义运动对于机械“纯粹”的向往相呼应，这种向往无意中成为了（建筑领域的）[12] 共识，并被转译成建筑语汇。“工程师们制造了属于时代的工具，除了被虫蛀和发霉的建筑之外的一切……”[13] 这种持续的对于所谓“粗俗涂鸦”[14]（而不是清教徒式的整洁）的拒绝与人类对肉体衰弱和腐烂尸体的恐惧一样。只有当尸骨雪白的时候死亡才可以被接受：如果建筑师无法成功实现他们对“健康且强壮、活跃且有用、道德且快乐”[15] 的人和建筑的追求，至少他们还能够自如地面对帕特农神庙白色的遗迹。年轻的生命和体面的死亡，这才是建筑的秩序。

20 世纪 30 年代盛行的英雄主义将自己称为“现代”，并宣称自己独立于当时的资产阶级规则，然而这恰恰反映了当时社会深层的、无意识的恐惧。生命被看作对于死亡的否定（甚至在否定死亡的基础上排除了死亡），这一否定超出了对于死亡概念本身的否定，还包含了对“腐烂的肉体”的否定。然而，对于死亡的焦虑只针对尸体的分解阶段，因为洁白的尸骨已不再像腐烂的肉体那样不可忍受。建筑也反映了这些深层的感受：衰败的建筑被认为是不可接受的，然而雪白的遗迹却被当作正直和崇高的象征。怀着这种敬意，建筑师们的下一步便是寻求崇敬。那些理性主义者以及“纽约五人组”提出的白色的、脱离时间痕迹的建筑是否正是在无意识地寻求这种崇敬？

此外，对于衰败机体的恐惧（与对于“过时的建筑纯粹性”的追求相对应）同时出现在保守派以及乌托邦的提案中。那些在 1965 年参观过破败的萨伏伊别墅的人一定记得首层工作间肮脏的墙面、空气中的尿臭

---

12 译者扩注。

13 参见勒 · 柯布西耶《走向新建筑》（Le Corbusier, *Vers Une Architecture*, Paris: L'Esprit Nouveau, 1928），其中一章标题为“建筑与越界”。自然地，勒 · 柯布西耶的论述与布雷和我的论述大不相同。

14 出处同上。

15 出处同上。

味、四散的粪便以及龌龊的涂鸦。意料之中的是，那场试图保留萨伏伊别墅那岌岌可危的纯洁性的运动，在随后的几个月声势愈发浩大，并最终取得了成功。

世人很容易对那些与肮脏有关的感觉产生恐惧。圣·奥古斯丁（St. Augustine）写道："我们在粪便和尿液之间出生。"事实上，死亡、粪便、经血这几者之间的联系经常被提及。与勒·柯布西耶同时代的乔治·巴塔耶[16]在对于色情倾向的研究中就曾指出，人类最为根本的禁忌集中于两个完全对立的领域：死亡与有性繁殖。因此，任何关于生命、死亡以及衰败的讨论都间接包含了性的话语成分。巴塔耶宣称，在生命走向死亡的时刻，只存在性而不再有繁殖。既然色情暗示着与繁殖无关的性，那么从生命迈向死亡的运动无疑是色情的。巴塔耶写道："色情将生命升华至死亡。"

就像巴塔耶的观点无法逃脱当时的社会禁忌一样，类似的禁忌也困扰着现代主义运动的众多观点。现代主义运动同时热爱着生命和死亡，但却是以不同的方式。总体而言，建筑师并不热衷于象征死亡的那部分生命：衰败的构筑物——时间在建筑上留下的痕迹——与现代性的理念以及所谓的概念审美格格不入。但对我而言（当然这肯定是主观的），萨伏伊别墅的灰泥从混凝土表面脱落的时刻，才是这个建筑最为动人的时刻。虽然现代主义运动及其追随者们清教徒式的属性时常被提及，但他们对时间流逝的否认却很少被注意到。（难怪玻璃和瓷砖是现代主义偏爱的材料，因为它们不易留下时间的痕迹。）

但是为了将这一可能令人反感的陈述带回逻辑的道路上，在那里论点与隐喻之间的区别变得模糊，我想要指出的是："建筑的时刻"是指建筑既是生命也是死亡的时刻，或者说当空间的体验变成它的概念的时

16 Georges Bataille, *Eroticsim*. London: Calder, 1962.

刻。这里存在一个关键点——腐烂[17]，建筑的悖论中建筑概念与空间感性体验之间的矛盾在这个切入点上自我瓦解了。这一关键点一直被禁忌和文化所排斥。这一隐喻性的腐烂正是建筑的要义所在：腐烂将感性的快感与理性联系起来。

伯纳德 · 屈米，《建筑广告》，1975

17 译者注：原文为 the rotten point。

第三部分：越界

> 通过与那些符合“规则”的原型共存……通过对范例的不断重复，守旧的人们成功地废除了时间。
>
> ——米尔恰·伊利亚德，《宇宙和历史》（Mircea Eliade, *Cosmos and History*）

> 我在年轻的时候被迫付出了太多尊敬。
>
> ——司汤达，《自我中心回忆录》（Stendhal, *Souvenirs d'egotisme*）

我们可以在这里就结束讨论，而让读者自己去定义这样一个隐喻性的腐烂究竟是在哪里变为建筑，以及建筑又在哪里变为色情。就像色情主义一样，这里所讨论的现象具有普世性，尽管它所代表的态度是主观而独特的。然而，我们有必要明确地指出之前提到的两种对应关系的含义。

首先，这两个对应关系——一个关于腐烂，另一个关于生与死——是同一个现象的两个方面。在这两种情况下，理想空间和现实空间的交汇处都是一个禁忌的地方，就像我们无法在体验快感的同时去思考它一样，我们也被禁止去审视生命与死亡相交汇的地方，一如俄耳甫斯（Orpheus）被禁止在欧律狄刻（Eurydices）从冥府返回人间的途中回头看她。

于是，这个交汇处通过和生与死的对应关系被物质化了：它变成了生与死之间的记忆，空间实践邂逅思维构建的腐烂点，也即两个相互依存又相互排斥的方面的交点。

其次，正如字面意义所展示的，这个点保留了时间在建筑上留下的痕迹，包括日常生活的残余，以及人或者自然留下的印记：所有这些都构成了建筑。

再者，这一交汇处威胁了概念和空间实践的自治性和差别。我们已经见过了鲍扎建筑师在 20 世纪初对于纯粹工程结构的无视，以及当代建筑师对于建筑衰败痕迹的否定。当然，这些束缚建筑师的禁忌并不令人吃惊。借用托马斯 · 库恩（Thomas Kuhn）在《科学革命的结构》（*The Structure of Scientific Revolutions*）一书中的论述，绝大多数建筑师通过建筑教育和相关阅读学习范式并以此开展工作，他们通常并不清楚是哪些特点使得这些范式成为了规则，也不知道这些范式所隐含的禁忌。这些范式所隐含的禁忌，或许比从其中抽象出的规则更具有约束力，也更复杂。催生这些禁忌的那些建筑观点被一些隐藏的规则支配着，要揭露这些规则十分困难，由于建筑院校从不教授抽象的概念和理论，那些规则始终难得辨明。于是，建筑师的认知往往和学校里的孩子一样被文化性地限制了，即使这种限制的基本特征在历史进程中也在不断改变。

最后，在更广泛的意义上看，这一交汇处正是建筑。它在文化的自治性与认同之间，以及思考与习惯之间的模糊地带蓬勃发展。建筑似乎只有在否定自身的时候才可以保持色情的能力，并通过拒绝社会期待的形式来超越其悖论的本质。换句话说，这不是一个毁灭或者先锋派所称的“颠覆”的问题，而是关于越界的问题。

尽管最近的规则提倡拒绝装饰，今天的感官已经发生了转变，纯粹性正遭受攻击。同样地，就像 CIAM 的城市分区理论批评了 20 世纪初拥挤的街道，今天那些广泛地侵蚀着城市生活的社会规则和概念机制已成为下一个将要被越界的对象。

无论是在字面上还是现象学意义上，建筑的越界都被视为真实空间与理想空间之间短暂而亵渎的交汇。限制依然存在，因为越界并不意味着去系统性地消灭关于空间和建筑的规则；恰恰相反，它引入了对于内与外、概念与体验的新的理解。简单说来，越界意味着去接受那些不被常规所接受的东西。

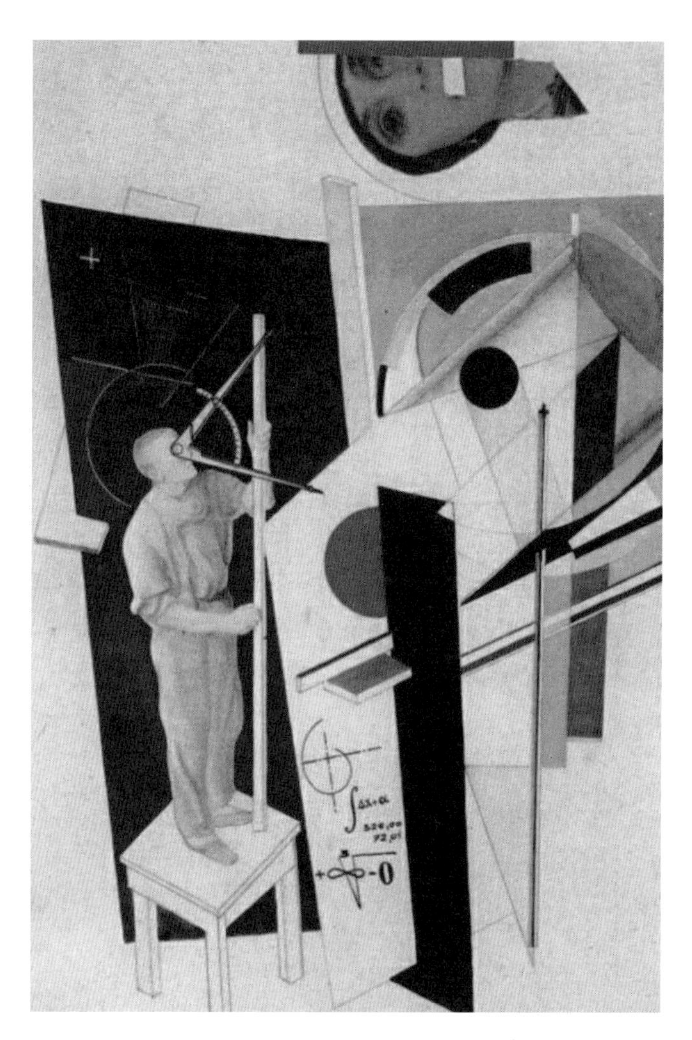

艾尔·李西斯基，《工作中的塔特林》（*Tatlin at Work*），1922

建筑的快感

现代主义运动所提出的功能主义教条以及清教徒式的态度经常受到攻击。然而，那些古老的关于快感的概念依旧被视为对当代建筑理论的亵渎。长久以来，那些致力于创造或者试图在建筑中体验快感的建筑师总被认为是堕落的。从政治的角度看，那些关心社会的人总是质疑建筑实践中任何享乐主义的痕迹，并将快感视为一种反动的思想。同样地，建筑学领域的保守派认为关于学术和政治性的探讨都是“反动”的，其中也包括关于快感的讨论。对这两类人而言，“建筑可能脱离道德、功能合理性以及责任而存在”的想法是令人厌恶的。

类似的对立也在近代建筑史中可见。先锋派们反复争论着那些互补的对立面，如秩序与无序、结构与混乱、装饰与纯净、理性与感性。这些简单的辩证充斥了建筑理论的讨论，以至于建筑批判也反映了类似的态度，如清教徒式的形式秩序与新艺术运动中有机感性之间的对立，贝伦斯（Behrens）的形式伦理与奥尔布里希（Olbrich）的无形式的冲动之间的对立。

通常情况下，这些对立关系充斥着道德层面的暗示。阿道夫 · 路斯（Adolf Loos）对于装饰的罪恶的攻击掩饰了他对于混乱以及感官紊乱的恐惧。同样，风格派对于基本形式的坚持不仅是对纯粹性的不合时宜的回归，更是故意退回了一种安全的秩序。

这些道德层面的暗示如此强大，使它们得以幸免于达达主义的毁灭性态度，以及超现实主义对于无意识的沉沦。查拉（Tristan Tzara）对于秩序充满讽刺的鄙视并没有激起更多建筑师的共鸣，因为他们正忙于用现代主义的规则取代鲍扎体系的规则。在 20 世纪 20 年代，尽管有查拉、里特尔（Richter）、鲍尔（Ball）、杜尚（Duchamp）以及布里顿等人的激烈争鸣，勒·柯布西耶和他的同僚们还是选择了更能被人们接受的纯粹主义道路。到 20 世纪 70 年代早期，建筑院校的作品表现出的各式讽刺与自我放纵，已然与 1968 年的激进主义的道德余温大相径庭，即使它们都对既有的价值观表示反感。

存在于这些对立之外的，是阿波罗的伦理和精神观念与狄奥尼修斯（Dionysius）的性欲以及感性冲动之间的对立的神秘影响。那些如外科手术般精确的建筑定义，强化并放大了这样一种对立：从一方面看，建筑是一种思维的产物，它包含了类型学以及形态学上的变化，属于去物质化的或者概念性的领域；而从另一方面看，建筑则是一种经验性的事件，它强调感受，强调对空间的体验。

在接下来的段落中，我会尝试说明：时至今日，建筑的快感或许同时存在于这些对立的内部和外部：既存在于辩证之中，也存在于辩证的瓦解中。然而，这一主题的矛盾本质与被广泛认可的传统理性逻辑间存在冲突，正如罗兰·巴特在《文字的快感》（*The Pleasure of the Text*）中指出的那样，“快感并不容易向分析投降”，因此，这篇文章中并没有论题、反论题以及合论题。相反，这篇文章只包括一些彼此松散地联系在一起的片段。这些片段（几何、面具、束缚、过量、色情）不仅需要在思想的现实层面去考虑，还需要在读者空间体验的现实层面去考虑：一个不能被书写的沉默现实。

片段一：双重快感（一个提醒）

空间的快感：它不能被语言描述，它不能被宣之于口。简而言之，它是一种体验的形式，“不在场的存在”；它激发了水平面与洞穴、街道与起居室之间的差异。对称与非对称强调了我的身体的空间属性：左与右，上与下。极端一点说，空间的快感接近了无意识的诗意，徘徊在疯狂的边缘。

几何的快感（以及更广义的秩序的快感），也即概念的快感：关于建筑的典型描述通常和 1773 年《大英百科全书》（*Encyclopaedia Britannica*）第一版所述一样：“建筑被比例所支配，被规范和界限所引领。”换句话说，建筑是“思想的产物”，它是几何的艺术，而非图像或者体验性艺术，因此建筑的问题变成了关于规则的问题：多立克柱式或者科林斯柱式，轴线或者等级，网格或者规则线，类型或者原型，墙或者楼板……当然还包括建筑符号的语法和句法，它们都成了对建筑进行感性和复杂操作的前提。而这些操作的极致则接近一种关于静止符号的诗意，它脱离于现实，并产生微妙和凝固的思维快感。

但是，无论是空间的快感还是几何的快感，（其本身）都不是建筑的快感。

片段二：快感的花园

在 1765 年出版于海牙的《建筑观察》（*Observations sur l'architecture*）中，艾比 · 洛吉耶（Abbé Laugier）提议彻底颠覆建筑及其传统。他写道：“那些能够很好地设计公园的人，一定不会觉得根据面积和位置设计一栋位于城市中的建筑有多么困难。它们都需要规律和幻想、关系和对立，以及不同情况下不可预期的元素；还应该包括细部中美妙的秩序，以及整体的迷惑、骚动与混乱。”

洛吉耶这些著名的评论，以及兰瑟罗特 · 布朗（Lancelot Brown）、威廉 · 肯特（William Kent）、勒奎尔（Jean-Jacques Lequeu）、皮拉内西（Giovanni Battista Piranesi）等人的梦想，不仅仅是对于之前巴洛克时代的回应。事实上，他们所提出的对于建筑的解构反对了传统建筑的时间秩序，正是对于快感概念的早期探索。

以斯托公园（Stowe Park）为例，由威廉·肯特设计的这个公园展示了有组织的景观和建筑元素之间微妙的对立统一：埃及式的金字塔、意大利式的透视，以及撒克逊式的神庙等“遗迹”不应该只被解读为风景化的元素，而应被看作秩序被拆分后的元素。在表面的混乱之下，秩序依然作为感性的蜿蜒溪流的对立面而存在。如果没有这些秩序的符号，肯特的这一公园会失去所有的“理性”的提示。相对应地，如果没有了感性的痕迹——树木、篱笆、山谷，那些（理性的）符号只能以无声凝固的状态存在。

花园有着奇怪的命运，它们的历史几乎总是预示了城市的历史。人类早期农业成就中的果园网格比人类最早的军事城市规划出现得更早，文艺复兴时期花园的透视和对角线随后被应用于当时城市的广场和柱廊。同样地，英国经验主义的浪漫如画的公园则影响了 19 世纪英国城市设计传统中的新月形元素[1]和拱廊。

完全是为了愉悦而修建的花园，成为了对于建筑中很难用文字和图纸表达的那部分——快感与色情——所进行的最早的实验。无论是浪漫主义的还是古典主义的，花园总是用一种最为“无用”的方式，将空间的快感和理性的快感融合在一起。

片段三：快感和必需

“无用性”通常并不和建筑联系在一起。即使当快感获得了某种理论支持（比如“美观”“适用”“坚固”），实用性依旧为建筑提供了最实际的存在理由。其中一个案例就是夸特梅尔·德·昆西为 1778 年在巴黎出版的《百科全书》（*Encyclopédie Méthodique*）的建筑条目所

1　译者注：指位于伦敦巴斯的皇家新月楼（Royal Crescent）。

作的引言，它如此定义建筑："艺术是**快感和必需的孩子**，人类与艺术结伴来帮助自己承受生命的痛苦，并将自己的记忆传递给后代。而在所有的艺术之中，建筑无疑占据了最为重要的地位。如果仅仅从实用性的角度来考虑，那么建筑超越了其他所有艺术类别。它给城市提供活力，捍卫了人的健康，保护了人们的财产。建筑为市民生活的安全、舒适以及良好秩序做出了贡献。"

如果德·昆西的论述与当时的建筑思想一致的话，那么在两百年后，他所描述的建筑的社会必需性已经沦为了梦想或者怀旧的乌托邦。曾经的"城市的活力"如今由土地经济的价值逻辑所决定，而"市民生活的良好秩序"则被企业的市场秩序所取代。

于是，绝大多数的建筑探索似乎受困于一个无解的两难境地：一方面，如果建筑师承认他们的作品对意识形态和经济条件的依赖，那么他们就间接接受了社会对于这些作品的限制。而另一方面，如果建筑师们将自己隔绝起来，他们的作品又会被指责为精英主义。当然，建筑依旧可以保持自己的特性，但这要求它不断质疑自我，不断去拒绝和突破保守社会对于其形式的期待。需要再次说明的是，如果最近已经出现了对于建筑的必需性进行质疑的理由，或许建筑的"必需性"恰恰是它的非必需性。这种对于建筑完全无谓的消费充满讽刺的政治意味，因为它破坏了建筑既有的结构。因此，它也充满了快感。

片段四：秩序与束缚的比喻

与普通房子的必需性不同，建筑的非必需性与其历史、理论以及众多先例密不可分。这些纽带增加了（建筑的）快感。最为极致的快感总是方法层面上的。在这些充满了强烈欲望的时刻，（对秩序的）组织会与快感相交织，并使我们不再能区分限制性条件与色情之间的差异。

例如萨德侯爵文章中的主人公们总是喜欢将俘虏囚禁于最为严酷的修道院，再遵循那些根据极为精确的逻辑设计的规则对他们进行虐待。

类似地，建筑游戏也是对那些复杂规则的使用，无论我们是否接受这些规则。不管是在所谓的学院派还是现代主义的理念中，这种普遍存在的约束性规则网络缠绕着建筑设计。这些规则就像不能被解开的死结，使建筑丧失了活力。然而，当这些规则被巧妙运用的时候，它们又拥有了情色意义的束缚。这里不讨论如何区分规则和绳索，而是意在指出，束缚的技巧并不简单：约束越多、越复杂，快感越强。

片段五：理性

历史学家曼弗雷多·塔夫里在其所著的《建筑与乌托邦》（*Architecture and Utopia*）一书中，回顾了皮拉内西过度理性的监狱设计是如何将洛吉耶的“秩序和骚动”理论推向极致的。皮拉内西选择了建筑的经典语汇作为束缚的形式。他的建筑通过将经典的元素处理成片段化的、破败的符号来与自我展开斗争：建筑类型的极端理性被“残暴地”地推向了非理性的极致。

片段六：色情

我们已经了解到，理性和非理性的消解所带来的暧昧快感会让人想起和情欲有关的问题。此处有必要提醒一下：这里所指的色情是一个理论概念，它与做作的形式主义，或者高耸的摩天大楼以及娇柔的曲线形门洞所引起的色情联想全然不同。在这里，色情指的是一种微妙的事物：“过量的快感”同时需要理性与感性。单纯的空间或者概念都不是情色的，唯有它们的交汇处才是。

因此，当一个建筑的操作被推向极致，同时展现理性的痕迹和空间的直接体验，终极的建筑快感也将在此刻降临。

片段七：诱惑的隐喻——面具

快感与诱惑并存，诱惑也离不开幻想。比如：当你想进行诱惑的时候，你会为达到目的采取最合适的方式——披上一个伪装。相反地，有时候你想要成为被诱惑的角色：于是你接受了他人的伪装，接受了他 / 她所表现出来的品质，因为这带给你快感，即使你知道背后隐藏着“其他”。

建筑也完全一样。它经常扮演诱惑者的角色。它有多种伪装：立面、拱廊、广场，甚至建筑的概念有时也成为诱惑的道具。这些伪装就像面具一样，在建筑试图表现的“现实”与其参与者之间置入了一层面纱，吸引人们急切地去了解建筑面具背后的现实。然而，你很快就会发现我们不可能理解建筑。你能够掀开一层面具，但它背后又是另一层面具。这些伪装的表象（立面、街道等）提示我们使用其他知识系统和方式来解读城市：形式的面具隐藏了社会经济学的面具，表象的面具隐藏了隐喻的面具。每一种知识系统都模糊了另一种知识系统，面具隐藏着面具，层层累积的意义使我们无法把握真正的现实。

面具可以被有意识地用于诱惑，它当然可被视为理性的产物。然而面具扮演着双重角色：在隐藏的同时揭露，在模仿的同时还原。在所有面具之后的是黑暗的无意识之流，它们和建筑的快感密不可分。面具可以制造一个外表，然而其自身的存在提示我们，在它背后还有其他。

片段八：过量

如果说面具属于快感的经验体系，那么快感本身并不仅仅是一场“假面舞会”。混淆面具与“面孔”的危险如此真实，这使得我们需要始终对拙劣的模仿以及怀旧保持警惕。对秩序的需求并不足以构成模仿过去秩序的理由。建筑只有在通晓了扰乱幻觉的艺术，并能够创造可以随时开启或者闭合的突破点的时候才是有趣的。

诚然，建筑的快感产生于它满足人对于空间的期待，以及体现某种建筑理想、概念、原型、发明、复杂性或者讽刺意味之时，但还存在一种产生于冲突的特殊快感，它源于空间的感性快感与秩序的理性快感之间的冲突。

最近出现的对于建筑历史和理论的重视，并不意味我们必须盲目遵循过去的教条。相反，我想要指出的是，建筑的终极快感存在于建筑操作最深的禁忌中：在那里，界限被颠覆，禁令被逾越。建筑始于扭曲，始于对围绕建筑师的经验体系的错置。然而这种虚无主义的态度只是表面的：我们并不想毁灭，而是去拥抱过量、差异以及残留物。功能主义教条、符号学系统、历史先例以及过往社会经济限制的形式化产物的溢出其实并不是颠覆，而是通过突破保守的社会力量所期待的建筑形式，保留了建筑的色情能力。

片段九：快感的建筑

当空间的概念与对空间的体验骤然重合，建筑的片段在兴奋中碰撞并聚合时，快感的建筑便出现了；在这里建筑的文化被不断解构，所有的规则都被超越。这里并非隐喻的天堂，而是充满了对不适以及失衡的期望。这样的建筑质疑了学术的（以及流行的）假设，扰乱了既有的品味以及熟悉的建筑传统。类型、形态、空间的压缩以及合理的建造，都在这里被消解。这样的建筑是“变态的”，因为它真正的价值不在于实用性以及目的性，它的终极目的甚至与提供快感无关。

既不屈从良知或者模仿，也不向疯狂的恐惧或者虚弱投降——以这样一种暧昧的态度专注于自身，这便是快感的建筑应具备的特征。

片段十：建筑的广告

在书本中无法展现建筑。文字和图纸只能创造纸上空间，而不能创造真实的空间体验。纸上空间从本质上来说只是想象的产物：它是一个图像。然而，对于那些不去真正建造的人（无论是由于条件的限制还是出于理念的原因——这无关紧要）而言，往往仅凭对建筑的精神构建（即想象）的纸面表达就能使他们感到满足。纸面表达不可避免地把对于真实空间的感性体验与对于理性概念的欣赏分离开来。然而，建筑是这二者共同作用的产物。如果这两个范畴中的任何一个被去除，建筑都会变得不完整。然而存在这样一个奇怪的现象：建筑师的工作如果不涉及真实的空间，就会被认为和建筑无关。于是，这样一个问题依然存在：为什么要用书本或者杂志上的纸上空间去替代真实建筑的空间？

它的答案并非来自媒体的不必要性或者建筑的传播方式，而是存在于建筑的本质中。

让我们举个例子：有些东西无法从正面来理解，而需要通过比喻、隐喻或者迂回的方式才可以被理解。例如，精神分析通过语言才揭示了无意识状态。语言像面具一样，提示在它背后还有其他东西。语言可能试图隐藏它，但同时也暗示了它的存在。

建筑就像一个戴面具的人。它不会被轻易看穿，总是躲藏在图纸、文字、规范、习惯以及技术限制后面。要想将建筑从其中揭示出来是困难的，但也是引人入胜的。这一揭示的过程正是建筑快感的一部分。

同样地，现实也隐藏在广告后面。不同于独立的建筑作品，广告可以被一次次地复制，而它的常规用途是去激发那些超越广告印刷品本身的欲望。如果不考虑它们通常对商品价值的支持作用，广告其实是一种颇具讽刺性的、极致的杂志形式。那么，既然有为建筑产品而做的广告，为什么不能有为建筑生产（以及再生产）而做的广告？

片段十一：欲望 / 片段

有众多方法将建筑与语言对应起来，然而这些对应方式通常造成的结果是削减或者排斥。这里的削减指的是，当建筑尝试产生意义（意义是什么？属于谁？）的时候，建筑与语言的对应开始扭曲，并最终将语言削减为单纯的组合式逻辑。而所谓排斥指的是，这种对应方式基本忽略了本世纪初[2]在维也纳产生的一系列重要发现：语言首次被视为一种无意识的状态。在这里，梦被作为语言或者通过语言进行分析；语言则被称作“无意识的主要通道”，总体而言，它被认为是一系列的片段（弗洛伊德对于片段的论述并没有以打破一个图像或者一种完整性为前提，他所强调的是一个过程的辩证的多重性）。

于是同样地，同语言相对应的建筑也只能被视为一系列片段，而这些片段组成了建筑的现实。

实际上，我们所看到的一切都是建筑的片段（墙、房间、街道或者概念的一部分）。这些片段就像一系列没有终点的开始。在真实的片段和虚拟的片段之间，以及记忆与幻想之间总是存在着鸿沟。这些鸿沟成为了连接一个片段与另一个片段的通道。它们是驿站，而非符号；它们是痕迹，是一种“中间状态”。

对于那些相互矛盾的片段，它们之间的运动比彼此间的冲突更为重要。这种看不见的运动既不属于语言，也不属于结构（语言和结构这两

2　译者注：指 20 世纪初。

个词语被专门用来描述一种阅读建筑的方式，并不完全适用于快感的语境）；它是语言内部的一种永恒且运动的关系。

这些片段如何被组织并不重要：（不论是通过）[3] 体量、高度、表皮、围合度，还是其他。这些片段就像引号之间的句子，只是它们并非引言本身，而是融入了建筑作品。（我们此处的操作与拼贴完全相反。）它们可能是来自不同讨论的片段，而这只能表明，建筑项目恰恰是众多差异找到统一表达的所在。

一部 20 世纪 50 年代的电影——《欲望号列车》（*A Streetcar Named Desire*）——将这种片段之间的运动称为欲望，完美地模拟了朝向某种永远缺失的东西、某种"缺席"的运动。每一个场景，每一个片段，都为了诱惑而存在，然而又总在接近成功的时刻消解，并被另一个片段代替。欲望始终不可见，但它长久地存在。这一点对于建筑同样适用。

换言之，建筑的有趣之处并不在于它的片段，不在于这些片段所代表或不代表的东西，也不在于通过某种形式将社会或者建筑师无意识的欲望"外在化"，或者仅仅通过某种精彩的建筑图像来表达那些欲望；恰恰相反，它的有趣之处在于它是一个接收者，反映了你我的欲望。因此，一个建筑作品具有建筑性并不是因为它释放了诱惑，也不是因为它满足了某种使用功能，而是因为它将诱惑的行为以及无意识的状态激活了。

还需提醒一句：建筑完全可以激活这样的活动，但建筑并不是一个梦境（一个能使社会或者个体无意识的欲望得到满足的舞台）。建筑不能满足你最为疯狂的幻想，但它可能超越这些幻想所设的限制。

3　译者括注。

二、功能策划

写于 1981—1983 年

要真正欣赏一个建筑，
你甚至需要进行一场谋杀。

定义建筑的不仅仅是围合的墙，
更是那些它所见证的行为。
“街上的谋杀”与“教堂里的谋杀”截然不同，
就像“街上的爱情”与“爱情之街”截然不同。

伯纳德 · 屈米，《建筑广告》，1978

建筑与极限

一

在那些伟大的作家、艺术家或者作曲家的作品之中，我们有时会发现一些令人不安的元素，它们出现在这些作品的边界之处。这些不安定且不合时宜的元素与艺术家的其他作品并不协调，却常常揭示出作品中隐藏的密码，并暗示了关于作品的其他定义和解读。

这一现象适用于所有的创作领域：有的位于文学的极限，有的位于音乐的极限，有的则位于戏剧的极限。这些位于极端之处的作品向我们展示了该艺术的状态、悖论以及矛盾，但它们依旧只是特例，因为在知识领域它们是一种可有可无的奢侈品。

在建筑领域，这样的极限作品不仅在历史上反复出现，甚至是不可或缺的：建筑不能脱离它们而存在。例如，建筑无法脱离图纸而存在，也同样无法脱离文字而存在。普通的房子不需要图纸就可以修建，然而建筑本身超越了简单的建造过程。历经数个世纪发展起来的复杂文化、社会以及哲学要求使得建筑本身成为了一种独立的知识形式。就像其他的知识形式使用不同的讨论方式一样，一些关键的建筑宣言即使并未实际建成，也比它们同时代的那些实际项目更为准确地揭示了当时建筑的状态：它的关注点以及争论。皮拉内西关于监狱的版画，布雷关于纪念碑的水彩画，这些作品都对建筑思想以及与之相关的实践产生了深远影响。同样的情况也可见于某些建筑文章以及理论立场。当然，我们并未排除建成的建筑，某些具有实验性质的小规模构筑物也偶尔扮演了类似的角色。

这些触及建筑极限的作品或被追捧或被忽略，但都只是位于主流商业建筑生产之外的孤立篇章，因为对于建筑这样一个与谨慎的业主以及精明的投资密切相关的行业而言，商业化的影响是不能被忽略的。然而，就像一个侦探故事里隐藏的线索一样，这些作品的意义又是如此深远。事实上，极限的概念和建筑的定义直接相关："去定义"意味着"去确定某个事物的边界或者极限"，以及"去明确其本质"[1]。

然而，当前建筑争论的焦点以及建筑图纸在其他领域的传播，通常隐藏了这些极限，将我们的注意力限制在建筑最为引人注目的方面，并将建筑削减为类似小说《源泉》（*The Fountainhead*）中描述的装饰性的英雄主义。建筑的关注点也由此被削减为一种"现成观点的辞典"[2]：它不仅抛弃了那些鲜为人知但具有重要意义的作品，甚至会仅仅出于大众市场的需要而将这些作品扭曲。

这一现象在当前并不鲜见。20 世纪出现了多次以大众媒体传播为目的的削减性策略，这使得我们拥有了两种全然不同的"20 世纪建筑"：一种是极繁主义的，主张建筑全面关注社会、文化、政治以及功能；另一种是极少主义的，主张建筑将关注集中到所谓的风格、技术等方面。但是，我们是否必须从中选择一种？我们是否需要为了保护现代主义运动的风格统一，而排除那些最为反叛和大胆的提案，例如梅尔尼科夫（Melnikov）以及波涅茨格（Hans Poelzig）的作品？毕竟，这样的排除是建筑界常见的做法。在 20 世纪 20 年代，现代主义运动通过对巴黎学院派的攻击，策略性地贬低了 19 世纪的建筑。同样地，国际主义风格的拥护者将现代主义运动激进的观点削减为均质的符号性的手法主义。今天，建筑后现代主义的主要代表们又反向使用了同样的方法，集中地攻击国际主义风格，并制造出具有娱乐性的争议话题以及吸引眼球的新闻。

1 根据《牛津英语字典》"定义"（to define）词条。

2 译者注：原文为 dictionnaire des idées reçues，法语。

然而，他们并没有为文化脉络添加更多新的内容，因为他们今天发现的那些历史典故、暧昧的符号，以及感性特质都曾经在建筑历史上反复出现。

建筑思想并不是简单地将“时代精神”[3]与“场所精神”[4]对立，或者是将概念与寓言，将历史的典故与正统的研究对立。遗憾的是，建筑批评依旧是一个尚待发展的领域。尽管它最近获得了媒体的关注，建筑批评仍旧属于一个传统类别，讨论建筑师的“个性”，评价建筑作品的“实用性”。除了在最为专业的出版物中，严肃的主题性批评依旧缺失。更糟糕的是，即使在那些专业出版物中，批评家也偏向于当前削减性的解读，并认为风格的多样代表着思想的复杂性。在这样的情况下，也就难怪当前那些轻浮的建筑与建筑报道并没有受到应有的批判。“存在限定某些事物可能性和可行性的边界”[5]的观点已经被高度强化，以至于当前的一系列削减操作正在严重遮蔽建筑学科的视野。随着建筑从一种知识的形式被缩减为一种关于形式的知识，广泛的研究策略也被缩减为操作层面的投机策略。

如果我们可以从当前威尼斯双年展或者巴黎双年展、大众出版物和其他主流建筑争论中区分出关于建筑历史的狭隘观点，以及对建筑领域本质和定义的研究之间的全面冲突，那么目前的混乱局面就变得清晰了。这一冲突不只是辩证的争论，而是在理论层面，对日常生活的多个方面发起切实的挑战，包括新兴的建筑周边行业市场、老牌商业设计公司，以及雄心勃勃的大学学术圈。

现代主义中已经包含了这种策略性的交锋，它们通常被隐藏于削减主义的意识形态（如形式主义、功能主义、理性主义）中。这些思想所暗含的连续性揭露了它们自身的矛盾。然而我们不应因此而再一次将建

3　原文为 zeitgeist，德语。

4　原文为 genius loci，意大利语。

5　根据《牛津英语字典》“限制”（to limit）词条。

筑从其对社会、空间以及概念的思考中剥离开来，并将它限制于“智慧与讽刺”“有意识的精神分裂”“双重标准”，以及“双重断裂的山墙”这些狭隘封闭的讨论中。

这种削减也通过其他不那么明显的方式呈现出来。例如，艺术界对于建筑是如此痴迷，这一点我们可从众多的“建筑参考”以及“建筑雕塑”展览中看出；与此同时，最近也出现了建筑师在知名画廊做广告的风潮。这些作品只有在向我们提示艺术的变化本质时才有意义。去嫉妒建筑的实用性，或者去嫉妒艺术家的自由，都是极为幼稚的，同时也误解了作品的意义。普通的房子有可能关乎实用性，建筑则不一定如此。将一些肤浅的、借用了山墙或者楼梯语汇的雕塑称为“建筑”，和将一些建筑师平庸的水彩画或者一些商业公司的渲染图称为“绘画”一样幼稚。

建筑师与艺术家之间的互相嫉妒源于一些过时解读所造成的最为狭隘的限制，仿佛建筑和艺术被无情地带入对方最为保守的文脉中。然而，这两个领域中的先锋派有时却能够找到共识，即使他们的参考标准不可避免地存在差异。需要指出的是，建筑绘图至多只是一种工作方式，或者一种思考建筑的方式。从本质上讲，它们通常以建筑领域以外的事物作为参考（与之相反，绘画通常只以自身的物质性以及工具为参考）。

让我们回到对历史的讨论。建筑历史的伪连续性，及其精心制造的对立篇章，源自对一般性历史尤其是建筑历史理解的不足。无论如何，建筑历史绝不是线性的，那些重要的作品也完全没有被人为制造的连续性束缚。当主流历史学家还在忽视这些作品，并将它们划归为“概念建筑”“纸面建筑”“叙事性空间”或者“诗意空间”的今天，我们有必要去系统地质疑这些削减策略。质疑它们并不是单纯为了赞颂那些被它们反对的。相反，这样的质疑意味着去理解这些边缘活动所隐藏和包含的东西。这样的历史、批评以及分析有待完成。这并不是一个（如诗人、梦想家或知识分子所关心的）边缘现象，而是事关建筑本质的核心。

二

建筑的极限是可变的：每个时代都有各自中意的主题以及混杂的时尚。然而，每个周期性的转移以及偏离都指向了相同的问题：是否存在反复出现的主题或者常量，它们有着具体的建筑意义，但又始终受到审视—— 一种“极限的建筑”？

与其他领域不同，建筑很少提出一套连贯性的概念（即一种定义）来阐释自身关注点的连续性，以及建筑活动那些更为敏感的边界。然而，在建筑文献中的确存在一些流传了数世纪的“格言”或者“警句”。类似尺度、比例、对称，以及构图的概念都有着具体的建筑意义。思想的抽象性以及空间的物质性之间的关系——柏拉图式的理论与实践的区分——被反复地提及：感知建筑的空间意味着感知那些已经被构想出来的东西。同样反复出现的还包括形式与功能之间、类型与功能组织之间的对立，即使这些词汇越来越被认为是各自独立的。

建筑话语中一个经久不衰的共识是维特鲁威的三点论：美观、坚固、适用。数个世纪以来它被作为建筑的准则反复强调，当然顺序可能有变。这三点有可能是建筑的常量吗？它们是否是建筑存在所必不可少的内在限制？或者它们的持久性仅仅是源自一个恶劣的思维习惯，一种在历史上经常发生的学术懒惰？反复被提及是否就意味着合理性？如果不是，那么建筑是否始终没有意识到长久以来存在于自身的界限的错位？

维特鲁威的三点论在 20 世纪被推翻了，因为建筑无法继续对世纪初工业化的进程，以及针对传统机构（家庭、国家、宗教）的强烈质疑无动于衷。当结构语言学逐渐充斥了建筑师的形式讨论，第一个术语“美观”在建筑语汇中逐渐消失了。然而，早期的建筑符号学仅仅从文学文本中借用了规则并将其用于城市及建筑空间，于是它们不可避免地只具有描述性；另一方面，那些试图建立新规则的尝试则将建筑削减为某种

“信息”，并将对建筑的使用削减为某种“解读”。当前引用传统建筑符号的风尚，正是源于类似的简单化解读。

然而，最近几年出现了将语言学理论应用于建筑的严肃研究，这使我们拥有了一个新的弹药库：按照雅各布森（Roman Jakobson）、乔姆斯基（Noam Chomsky）以及本维尼斯特（Emile Benveniste）的理论，这一弹药库包括选择和组合、替代和情境性、比喻和换喻，以及相似和邻近。尽管纯粹的形式主义操作在缺乏新的标准支持时通常不足以激发创新，然而正是这些过度的形式操作给建筑语言中“牢笼”与“房屋”之间那难以捉摸的边界带来了新的突破。无论如何，这些研究引入了类似主体以及语言中的“主体性角色”等概念，并区分了作为符号系统的语言以及作为由个体完成的行动的语言。

对维特鲁威三点论中“坚固”的关注，似乎在 20 世纪 60 年代悄然无息地消失了。现在的共识是，只要你能够承担费用，什么都可以建造。对于结构的关注在各种会议中消失了，在建筑课程和杂志中也被缩减了。毕竟，谁还愿意去强调当前历史主义作品中常见的多立克柱是用油漆夹板建造的，而那些贴花线脚只是为了给空心的墙体增加一些比喻性的元素？

在 20 世纪 80 年代，工程问题重新得到关注，但这些关注通常伴随着一个特殊的状态：数个世纪以来对于建筑体量的逐步削减意味着建筑师可以基于形式法则而非结构要求，随心所欲地去组合、分解以及重构体量。现代主义对于表皮效果的关注更使得建筑体量不再具有物质性。今天，物质性几乎不再与墙体相关，因为墙已经被简化为如石膏板或者玻璃等几乎不能区分建筑内外的分隔物。这一现象不大可能被逆转，那些鼓吹回归“材料的真实”或者厚重实墙的言论，也更多是出于意识形态而非实际的原因。然而，需要指出的是，任何对于物质性的关注具有超越“坚固”的引申意义。毕竟，建筑的物质性存在于它的实与虚，它的空间序列，它的构思以及冲突之中。（还有一点需要指出的是，有人认为对节能的关注取代了对建造的关注，或许确实如此。虽然关于被动和主动节能、太阳能以及水循环利用的研究广受欢迎，但它们并没有显著地影响建筑以及城市的基本语汇。）

唯一能够评价维特鲁威三点论最后一点“适用”的，当然是人的身体。它是建筑的起点，也是最终落脚点。笛卡尔提出的作为物体的身体与现象学中作为主体的身体相对立，而身体的物质性和逻辑则与空间的物质性和逻辑相对立。从属于身体的空间到位于空间中的身体，这条转移的路径是复杂的。而这一转移，或者说在无意识的朦胧中所出现的空隙，位于身体与自我、自我与他者之间的某处。建筑界尚未开始分析 20 世纪初在维也纳产生的那些发现，即使有一天，建筑对于精神分析的贡献或许将比精神分析对于建筑的贡献还要重要。

弥漫着的橡胶、混凝土、肉体的气味，灰尘的味道，手肘在一个粗糙表面摩擦时的不适，皮墙面的舒适，在黑暗中撞到墙角的痛苦，狭长走道的回音……空间不仅仅是一种思想表达的三维投射，它也是可以被听见、被付诸行动的事物。是眼睛（就像窗、门、狭长的具有仪式感的通道）框住了运动的空间（如廊道、楼梯、坡道、通道以及门槛）。这就引出了感知空间与社会空间的联系，以及将空间的表达与表达的空间相结合的舞蹈和姿势。身体不仅在空间中运动，更通过这些运动创造了空间。无论是舞蹈、体育还是战争，所有的运动都是事件对建筑空间的入侵。在其极限之处，这些事件成为了不具有道德和功能意义的场景或者功能策划，它们独立于又密切联系着包围它们的空间。

于是，对旧的三点论的新理解出现了——它在某些方面与原来的三点重叠，而在其他方面对它们进行了扩展——我们可以将其区分为心理空间、物理空间以及社会空间，或者语言、物质以及身体。必须承认的是，类似的区分只是初步的。虽然它们与真实且便于使用的分析类别（“构想的”“感知的”“体验的”）相一致，但是它们可以引导出不同的策略以及不同的建筑符号模式。

建筑状态的改变显而易见，它出现在建筑与其语言、组成材料、个体以及社会的关系中。问题在于这三个方面彼此之间是如何联系的，以及它们是如何在当代实践中彼此产生联系。同样显而易见的是，当建筑的生产模式发展到如今的先进阶段，它已经不再需要严格遵守语言、材料或者功能的规范，而是可以任意地扭曲这些规范。最后，从一些（经常被历史忽略的）独立事件的影响中可以明显地看出，建筑的本质并非仅存在于建筑本身。事件、图纸和文字扩展了之前仅在社会意义上合理的建筑的边界。

最近出现的改变如此深刻，却又很少被理解。总体而言，建筑师们在直觉上已经意识到，却很难接受他们的工作正在经历剧变。当前建筑界的历史主义倾向既是这一现象的组成部分，也是其结果，或者说既是一种恐惧的标志，也是一种逃避的标志。那么，这种建筑生产条件的剧变，究竟在多大程度上改变了建筑活动的极限，而使其能够回应建筑界所发生的变异呢？

三

> 功能策划：一个在一切正式流程开始前提出的描述性提示，它可以是一场节日庆典、一门课程……一个项目清单，或者一场音乐会的“曲目顺序单”，等等，这些项目被组合在一起，成为了一个完整的表演……[6]
>
> 建筑功能策划是一个用途需求清单；它指出了各用途之间的关系，但不会说明它们应如何组合或者遵循何种比例关系。[7]

6 根据《牛津英语词典》。

7 J. Guadrt, *Elements et théorie de l'architecture*. Paris: 1909.

如今，对功能策划的探讨是一个禁区——一个被建筑思想有意识地放逐了数世纪的领域。对功能策划的关注被视为人文主义的残余，或者已经过时的功能主义教条，也因此遭到摒弃。这些对功能策划的攻击揭露了这样一个信念：为了强调形式操作，甚至可以排除对建筑社会性和使用性的考虑。这一信念在现代主义中根深蒂固，即使是当前的后现代主义建筑也依旧拒绝去挑战它。

让我们简要回顾定义了功能策划概念的历史事实。在 18 世纪，以空间和结构分析为基础的科学技术的发展，已经使建筑理论家们将建筑的建造和使用看作两个不同的领域，并因此去强调纯粹的形式操作。但即使在这样的情况下，功能策划依旧是建筑过程的一个重要组成部分。无论是直接还是间接与时代或者国家的需要相关，功能策划所提出的那些看上去客观的要求，都在很大程度上反映了某种特定的文化或者价值观，例如巴黎学院派在 1739 年提出的"皇子的马厩"以及 1769 年的"王子大婚的公共节日"。随后，不断发展的工业化以及城市化也产生了属于它们的功能策划。百货商场、火车站以及拱廊就是产生于 19 世纪商业和工业的功能策划。这些复杂的功能策划并没有立即拥有明确的形式，设计它们经常需要中介因素，例如参考理想的建筑类型，这有可能造成"形式"与"内容"完全分离。

早期现代主义运动对于空洞的学院派程式的攻击谴责了这样的分离，以及那些腐朽的鲍扎式功能策划（这些功能被认为是为重复性构图方法开脱）。功能策划的概念本身并未被攻击，被攻击的只是它反映过时的社会的方式。相反地，新的社会内容、技术以及纯粹几何之间更紧密的联系宣扬了一种新的功能主义伦理。首先，这一伦理强调去解决问题而非设计问题：好的建筑应该通过一种有机或者机械化的方式，从独特的建造、基地或者业主的客观问题中产生。其次，在更为英雄主义的层面，未来主义者以及构成主义先锋派充满革命性的宣言，与 19 世纪社会乌托邦的思想家一起，创造了一系列全新的功能策划：从“社会聚集器”、公用厨房、工人俱乐部、剧院、工厂到马赛公寓[8]，它们都包含了对于新的社会以及家庭结构的愿景。建筑以一种近乎天真的手段，试图反映并且塑造一个即将到来的社会。

然而，在20世纪30年代早期的美国和欧洲，改变中的社会文脉抛弃了对功能策划的关注，转而开始关注新的形式以及新的技术。到了20世纪50年代，或许与其乌托邦目标的失败有关，现代建筑已经彻底放弃了它早期的意识形态基础。与此同时，建筑也在文学、艺术以及音乐等领域的现代主义理论中找到了新的理论基础。“形式遵从形式”替代了“形式追随功能”。很快，新现代主义者出于意识形态的原因对功能主义展开了攻击，后现代主义者则出于道德原因也进行了类似的攻击。

无论如何，各式各样的功能得以在原本为其他功能设计的建筑中运作，这向我们证实了一个简单的道理：在功能和形式之间，或者在建筑类型和使用方式之间，并不必然存在因果关系。对于那些现代主义的信徒而言，似乎功能策划越传统越好，因为传统的功能策划有着简单的解决方案，这使建筑师可以有更多空间去进行风格和形式语言方面的实验。这就好像施托克豪森（Karlheinz Stockhausen）将国歌作为句法变换的材料。

构成主义的学院化、文学形式主义的影响，以及现代主义绘画和雕塑的案例，都使得建筑被削减为简单的语言学构件。当格林伯格（Clement Greenberg）所说的“内容被完全地溶解于形式，以至于艺术或者文学作品被缩减为其自身……主体或者内容变成了像瘟疫那样被躲避的东西”发生在建筑领域，建筑对于使用的考虑被进一步削减了。最终，在20世纪70年代，主流现代主义批评与符号学的理论结成了同盟，通过将关注集中于自治物体的固有性质，将建筑简化为一种诗意的客体。

---

8 译者注：原文为 unité d'habitation，法语。

但是建筑难道不应该与绘画和文学不同吗？使用方式，或者说功能策划，能否成为形式的一部分，而非它的主体或者内容？俄国形式主义与葛林堡派现代主义的区别难道不是在于后者拒绝考虑内容，前者却不把形式与内容对立，而将它们视为构成一个作品整体的组成部分？内容也同样可以具有形式。

绝大部分现代主义建筑理论（它们出现于 20 世纪 50 年代而非 20 年代）和其他领域的现代主义一样，致力于寻找建筑的特殊性，或者说只属于建筑的特征。但这一特殊性应如何定义？它是考虑还是排除了使用？需要指出的是，后现代主义建筑挑战了现代主义建筑选择的语法学路径，但从未攻击其价值系统。仅从风格的角度来讨论“建筑的危机”是不成立的，它巧妙地掩盖了对于使用考虑的缺失。

虽然对那些超越历史和文化的、自治且自我指涉的建筑，以及那些回应了历史、文化先例和地域文脉的建筑进行区分并非毫无意义，但需要指出的是，这两类建筑都将建筑定义为一种形式或者风格操作，认同“形式遵循形式”，只是参考的框架和意义存在差异。虽然它们在审美上大相径庭，但都将建筑视为静止的物体，并因此很容易引起批评家的注意。另一种观点则将建筑视为空间与事件之间的互动，但这种观点通常被忽视。于是，墙与动作，或柱子与人很少被认为属于同一个指代系统。将阅读理论应用于建筑也通常是无意义的，这是由于它将建筑缩减为一种交流的艺术，或者一种视觉艺术（例如所谓现代主义的单一编码，或者后现代主义的双重编码），而忽视了建筑作为一种高度复杂的人类活动的“多重文本性”。由于建筑讨论的多重异质性，以及存在于运动、感官的体验、概念的杂技之间的互动，我们不能将建筑等同于视觉艺术。

如今，如果我们要面对与所谓现代主义在认识论上的决裂，那么现代主义也必须要质疑其自身的形式偶然性。这一决裂并不意味着回到功能与形式的对立、功能与类型之间的因果关系、乌托邦式的畅想，或者过去那些乐观主义以及机械理念。相反，这一决裂意味着超越对建筑的缩减性解读，将身体及其体验排除在一切形式逻辑的讨论之外就是常见的例子之一。

彼得·贝伦斯（Peter Behrens）为奥尔布里希（Josef Maria Olbrich）在玛蒂尔德高地（Mathildenhoehe）社区组织的仪式；汉斯·波尔茨格（Hans Poelzig）为电影《泥人哥连》（*The Golem*）[9] 制作的场景；莫霍利·纳吉（Lazlo Moholy-Nagy）综合了电影、音乐、场景、动作以及定格画面的舞台设计；李西斯基对于机电杂技的展示；奥斯卡·施莱默的手势舞蹈；最终被建造成真实建筑的，康斯坦丁·梅尔尼科夫的"吸引力蒙太奇"[10]，这些实验都挑战了现代主义建筑的正统限制。当然它们也有先例，例如文艺复兴的盛世，雅克-路易·大卫（Jaques Louis David）所描绘的革命节日，以及更近的（也更为邪恶的）由阿尔伯特·斯皮尔（Albert Speer）设计的冰之教堂以及纽伦堡集会。

最近，一些远离形式讨论并重新关注建筑事件的具有想象力的功能策划模式出现了。[11] 类型学研究也开始讨论那些产生于某种功能，但随后又改用于新功能的理想建筑类型所具有的重要"影响"。这些对于事件、仪式以及功能策划的关注，指出了现代主义教条以及历史主义复兴之外的另一条道路。

9 译者注：该片原名为 *Der Golem, wieer in die Welt kam*（德语），于 1920 年上映。

10 译者注：原文为 montage of attraction，一种电影技巧。

11 类似的项目在过去的十年（译者注：应以本文写就的 1981 年为参考时间点）开始涌现，例如超级工作室的"理想城市"（Ideal Cities）以及约翰·海杜克在威尼斯的"柯勒乔区的十三座塔"方案（Thirteen Towers of Canareggio）。

诺曼·贝尔格迪斯，通用汽车公司大楼，纽约世博会，美国纽约州法拉盛，1939

柯布西耶，卡彭特视觉艺术中心，哈佛大学，美国马萨诸塞州剑桥市，1961—1965

建筑的暴力

1. 没有动作就没有建筑，没有事件就没有建筑，没有功能策划就没有建筑。
2. 进一步地，没有暴力就没有建筑。

上述第一条宣言与主流的建筑思想相对立，它拒绝偏袒空间而忽略动作。第二条宣言则指出，虽然从其与世界关系的角度来看，物的逻辑与人的逻辑彼此独立，但它们仍会不可避免地形成激烈的对抗。建筑与其使用者之间的任何关系都是暴力的，因为使用意味着人体侵入一个特定的空间，或者说一种秩序侵入另一种秩序。这种侵入包含在建筑的本质概念之中，忽略事件而将建筑简单理解为空间和将建筑简单理解为立面别无两样。

这里提到的“暴力”并不是指那种摧毁物理或者精神完整性的残暴行为，“暴力”在这里是一种比喻，它提示了个体和其周围空间之间关系的强度。“暴力”与风格无关：现代主义建筑并不比传统建筑更多或更少暴力，也不比法西斯、社会主义或者乡土建筑等更多或更少暴力。建筑的暴力极为重要而且不可避免，因为建筑与事件紧密联系着，就像有囚犯就有守卫，有罪犯就有警察，有病人就有医生，有混乱就有秩序。这也说明动作定义了空间，就像空间定义了动作一样；换句话说，空间和动作是不可分割的，任何对于建筑、图纸和符号的解读都无法否认这一事实。

首先需要明确的是动作和空间之间的关系是对称的［势均力敌的两个阵营（人和空间）以类似的方式互相影响］，还是非对称的（其中的一方，无论是空间还是人，明显支配着另一方）。

身体侵犯空间

首先，所有的个体都通过他们的存在，通过侵入被严格控制的建筑秩序，而对空间施加暴力。进入一个建筑或许是一个优雅的动作，但它破坏了被精确控制的几何平衡。（我们可曾见过包含了跑步者、战士或者情侣的建筑照片？）身体通过流动的、不规则的动作，塑造了各种新的、意想不到的空间。于是，建筑可以被理解为一种有机体，持续不断地与它的使用者交流，而使用者的身体冲击着那些被精心建立起来的建筑思想的规则。于是，不难理解为什么人类的身体始终被建筑所怀疑：身体给那些最为极端的建筑理想设置了限制。身体扰乱了建筑秩序的纯粹性，对于建筑而言，它是一种危险的禁令。

暴力并非始终存在。就像骚乱、争吵、暴动以及革命总有时限一样，身体对于空间施加的暴力并不是一直持续的，然而它却总暗示着什么。每一扇门都暗示着人穿越门框的动作，每一个走廊都暗示着前进的运动，任何一个建筑空间都暗示着（并且期望着）即将占据它的某种侵入性存在。

空间侵犯身体

如果说身体侵犯了建筑空间的纯粹性，我们很自然会去思考它的反面：狭长的走道对拥挤的人群施加的暴力——建筑对其使用者施加的象征性的或者实体性的暴力。需要指出的是，我并不希望复兴建筑行为学的途径。恰恰相反，我只是希望强调一种物理性的存在，以及它总是无辜地以一种近乎想象的方式开始的事实。

你的身体存在的场所，被你的想象力和无意识刻画为一个极乐空间，或者一种威胁。如果你被强行要求放弃你所想象的空间标记会发生什么？一个折磨者期待着你（受害者）退让，以便达成他羞辱猎物的目的——使你失去主体的身份。突然之间，你不再有选择的余地，也无法逃离过大或过小的房间，太低或太高的天花板。通过空间实施的暴力是一种空间折磨。

以帕拉第奥的圆厅别墅为例。当你沿着它的一条轴线行走，正要穿越其中央空间到达另一侧时，你所看到的并不是山坡的景观，而是通向另一个、再一个，乃至更多的圆厅别墅的台阶。这种不间断的重复最初激发起一些奇怪的欲望，而很快它变成了一种难以描述、异常暴力的虐待。

这种令人不安的空间设置可以采用任何形式：被剥夺了感官可能的白色消声室、导致精神崩溃的无形空间、陡峭而危险的楼梯、被刻意收窄而不能通过大量人群的走道。这些空间使建筑从一种沉思的客体转变为一种乖张的使用工具。需要指出的是，空间的接受者（你或者我）或许正期待着被空间侵犯，就像你愿意前往一场摇滚演唱会，并站在扩音器面前去感受那种痛苦却愉悦的身体和精神冲击一样。崇拜过量声音的场所暗示了崇拜过量空间的场所。毕竟，对暴力的热爱是一种古老的快感。

为什么建筑理论总是拒绝去承认这些快感，而（至少是在正式场合）始终宣称建筑需要使我们的眼睛愉悦，让我们的身体舒适？这些前提是值得怀疑的，因为暴力所带来的快感可以在众多其他的人类活动中感受到：从音乐中不和谐的音符到运动中身体的冲撞，从黑帮电影到萨德侯爵的作品。

暴力的仪式化

谁能够操控这些微妙的空间快感、令人不安的建筑折磨、穿越癫狂景观的曲径、演员与装饰相得益彰的戏剧？是谁？是建筑师吗？17 世纪的伯尼尼设计了完整的舞台，接着是曼萨特（Jules Hardouin-Mansart）为路易十四设计的节日，以及阿尔伯特·斯皮尔邪恶却美丽的集会。无论如何，最初的动作，最初的暴力行为（鲜活的身体与死气沉沉的石头不可言喻的交合）是独特的，也是无法被预演的，尽管它们可能随着你一次又一次地进入一个建筑而无穷重复。建筑师们总是梦想着将这些不被控制的暴力纯粹化，通过可预测的路径以及提供悦目景色的坡道来引导身体，将身体对于空间的侵犯仪式化。在柯布西耶的卡彭特视觉艺术中心（Carpenter Center），坡道侵入了建筑，实实在在地将身体的运动化为建筑的实体。或者反过来说：这是一个强有力地引导了身体运动的实体。

身体与空间之间原始而自发的互动通常被仪式所纯粹化。例如 16 世纪的盛装游行，以及内森 · 阿尔特曼（Nathan Altman）对圣彼得堡冬宫所经历的入侵的重现，都是对自发的暴力进行的仪式性模仿。这些仪式被不断重复，约束着本已脱离控制的原始动作的各个方面：对于时间地点的选择，对于暴力对象的选择……

仪式意味着动作和空间之间近乎定格的关系。它在一个原始事件失序之后建立起一种新的秩序。当有必要调和冲突，并用规则去修复它时，任何片段都不能被遗漏，任何奇怪的或者预料之外的事情都不能发生。控制必须是绝对的。

功能策划：互惠和冲突

当然，这样的控制不大可能实现。无论是让建筑师按照《机械芭蕾》（*Ballet Mécanique*）式的建筑、纽伦堡集会式的日常生活，抑或具有亲密空间的木偶剧院来策划个体和社会的每一个动作，还是将所有的自发性运动冻结成一条连续的走道，都无法实现这种控制。动作与空间之间的关系如此微妙，它超越了权力的问题，也超越了“到底是建筑决定事件还是事件决定建筑”的问题。所以，这是一个对称的关系，它就像守卫与犯人或者猎手与猎物之间不可避免的关系。但是，猎手与猎物都需要考虑各自基本的需要——补给、食物、遮蔽物等，它们或许与捕猎活动本身无关。无论猎手与猎物是否在进行生死游戏，他们总有这些需求。猎人和猎物平时各自为生，只有当真实遭遇彼此的时候双方的策略才变得相互依存，以至于无法确定到底是谁先发起，又是谁在回应。同样的情况也发生在建筑与其使用者之间，以及空间与事件或功能策划之间。任何有组织的事件重复一旦被提前宣布，就变成了一个功能策划，一个对一系列正式程序的描述性提示。

当承认建筑空间与功能策划互相独立时，我们可以得到一种互相无视的策略，即建筑的思考不依赖于对实用性的考虑，且建筑中的空间和事件都拥有各自的逻辑。类似的案例包括水晶宫以及 19 世纪世界博览会上那些中性的展篷，它们可以容纳一切，无论是展示身披殖民地珍贵丝绸的大象还是举办国际拳击比赛。类似的例子还包括里特维尔德（Gerrit Rietveld）设计的位于乌特勒支的住宅，尽管它呈现的方式非常不同。这是一个建筑语言的重要尝试，也是一座不适宜居住的房子，尽管（或者正是由于）它在空间和使用方式上进行了偶然的并置。

在其他一些情况下，建筑空间和功能策划也可能完全相互依存，并影响对方的存在。在这些案例中，建筑师对于使用者需求的认识决定了所有的建筑决策（并可能反过来决定使用者的态度）。建筑师设计了场景，编写了剧本，指导了演员。这就像 20 世纪德意志制造联盟[1]所提出的“理想厨房”一样，家庭主妇的每一个动作都在设计细节的控制范围之内。又如梅尔侯得（Vsevolod Meyerhold）的生物机械，通过波波瓦（Lyubov Popova）的舞台布景运转，使得角色逻辑与动态的环境逻辑时而协调，时而冲突。当然还有赖特设计的古根海姆博物馆，因此，我们不必弄清运动和空间谁先于谁，因为它们最终会紧密地联系在一起。事实上，它们处于同一组关系之中，只是双方力量的相对强弱会有所改变。

1 译者注：原文为 werkbund，德语。

（我提到相互独立和相互依存的关系，是为了强调它们的存在被约定俗成的意识形态对立所左右——现代主义与人文主义的，形式主义与功能主义的，等等——虽然建筑师和评论家通常热衷于提倡类似的意识形态对立。）

当然，绝大多数的关系处于相互独立和相互依存之间的中间状态。在厨房里你可以睡觉，也可以争吵或者恩爱。这些转变并非没有意义。当一个 18 世纪的监狱的类型被转变为一个 20 世纪的市政大厅，这一改变便不可避免地成为对社会制度的批判性宣言。曼哈顿的工业厂房变为住宅也属于类似的转变，当然它没有那么剧烈。空间被动作定义，就像动作也被空间定义；二者相互独立地存在着，其中一个并不引发另一个，只有在交汇的时候才互相影响。在库里肖夫（Lev Vladimirovich Kuleshov）的实验中，同一个演员面容的影像被置入了不同的场景，观众却从中读出了不同的表情。同样的情况也发生在建筑中：同样的事件会被不同的空间改变；反过来，通过赋予某个理论上“自治”的空间完全对立的功能策划，空间获得了新的意义。事件和空间不会融合，但会互相影响。如果西斯汀教堂被用作撑杆跳场地，它将不再受限于其约定俗成的良好本意。在一段时间内，越界是如此真实和有力。然而，对文化期望的越界很快就会被主流所接受。就像粗暴的超现实主义拼贴成为了商业广告的素材，那些被破坏的规范终将融入日常的生活，无论是出于象征性的还是技术性的动机。

如果说暴力是空间与事件之间关系强度的关键隐喻，那么建筑的身体性超越了这一隐喻。建筑包含了一种深度的感性，一种持久的色情。建筑潜在的暴力依据使其产生的原因各不相同：有的是理性的原因，有的则是非理性的原因。它们可能是匮乏的，也可能是过量的。在一座房子里，过少的活动有时和过量的活动一样令人不安。禁欲主义与纵欲主义比建筑理论家认为的更为接近，里特维尔德或者维特根斯坦（Ludwig

图 1-4

Wittgenstein）的住宅所包含的禁欲主义也不可避免地透露出极度狂欢的意味。（文化习俗只会影响对暴力的认知，而不会改变它的本质：不同的文化对于“给情人一记耳光”持有不同的理解。）

建筑和事件不断或明确、或含蓄地逾越着彼此的规则。这些规则、这些有组织的组合有时会被质疑，却始终具有参照性。一个建筑会为那些试图去否定它的活动提供参照。建筑的理论是关于秩序的理论，它受到它所允许的使用方式的威胁。反之亦然。

将暴力的概念整合到建筑的机制之中（这是我想要提出的观点），其最终目的是建立一种新的建筑快感。就像任何一种暴力形式一样，建筑的暴力也包含了改变以及更新的可能，它也和任何暴力一样异常感性。建筑的暴力需要被理解，它所包含的矛盾、冲突以及互补关系都在动态地变化着。

这里要顺带区分两种不完整的暴力类型，即使这两种类型并非为建筑所特有。第一种是形式暴力，它涉及物体之间的冲突。这是形式对形式的暴力，例如皮拉内西的并置，施维特斯（Kurt Schwitters）的达达主义之屋（Merzbau）拼贴，以及其他的建筑冲突。形式操作内在地包括扭曲、撕裂、压缩、碎片化以及分离，也包括新建构筑物对其环境造成的扰乱，因为它不仅摧毁了它所取代的，同时也侵犯了它所占据的领地，例如阿道夫·路斯为诗人查拉设计的、位于充满乡土气息的19世纪巴黎郊区的住宅，或者一条两侧林立玻璃幕墙的大道上的历史隐喻造成的破坏性影响。这种针对文脉的暴力完全是由反差造成的充满争议的暴力，讨论它是社会学、心理学以及美学的任务。

然而，被夹在两根支撑着扭曲霓虹山花的破损科林斯柱中间的门，只是一种闹剧而非暴力。当然，詹姆斯·乔伊斯的“门柱”[2]既是一个双关语，也是对语言文化危机的评论，而《芬尼根守灵夜》（*Finnegans*

2　译者注：原文为 doorlumn。

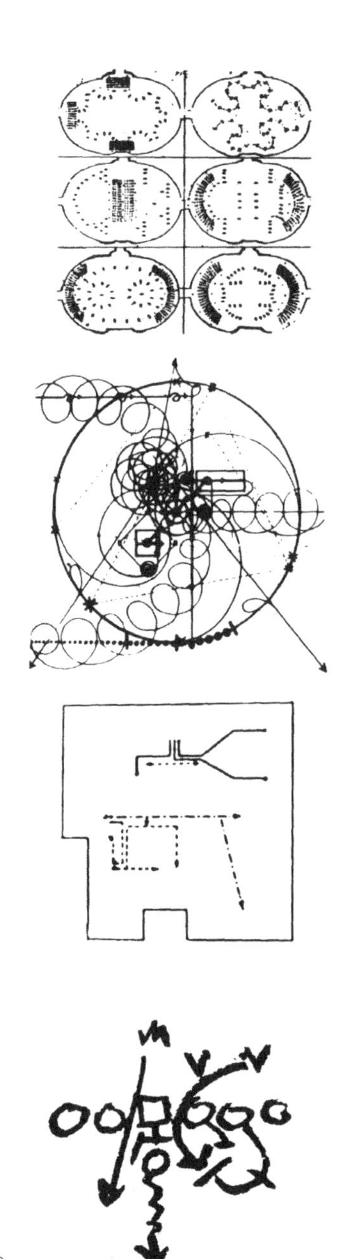

图 5-8

图 9-11

Wake）暗示了某种特定的越界可以攻击建筑语言的组成元素——它的柱子、楼梯、窗以及这些元素的组合，它们可以被任何一个文化阶段所定义，无论是学院派还是包豪斯。这一形式的反抗从本质上讲是无害的，它甚至能够随着禁忌被逐渐打破而脱去过量的特性，并引发一种新的风格。随后，它开始宣扬一种新的快感，并对新的规范进行诠释，直到其再一次被违背。

第二种不完整的暴力——功能策划的暴力——则不是隐喻性的。它包含那些偶然的或者被设计的、尤其邪恶并具有毁灭性的使用方式、动作、事件以及功能，包括杀戮、囚禁以及折磨，它们使空间最终变为屠杀场、集中营或者刑讯室。

插图：

1. 州最高法院上诉庭，美国纽约，1900
2. 机械馆，法国巴黎，1889
3. 弗里茨 · 朗，《大都会》（*Metropolis*），1926
4. 意大利文化宫，意大利罗马，1942
5. 游行的图解，意大利佛罗伦萨，16 世纪
6. 奥斯卡 · 施莱默，《手势舞图解》，1926
7. 亚历山大 · 克莱因，《无摩擦的生活》（*Frictionless Living*）中的房屋平面，1928
8. 足球技战术图解
9. 弗谢沃洛德 · 梅耶荷德和瓦尔瓦拉 · 斯捷潘诺娃，《特雷尔金之死》（*The Death of Tarelkin*）场景，1922
10. 伊利亚 · 戈洛索夫和潘捷列伊蒙 · 戈洛索夫，祖耶夫工人俱乐部，俄罗斯莫斯科，1928
11. 朱赛普 · 特拉尼，法西斯党部大楼，意大利科莫，1932—1936
12. 罗伯特 · 怀恩，《卡里加里博士的小屋》（*The Cabinet of Dr. Caligari*）电影剧照，1919
13. 库尔特·施维特斯，达达主义之屋，1923—1937
14. 西米尔 · 马列维奇，《建筑》（*Arthitekton*），1923—1927
15. 赫里特·里特费尔德，施罗德住宅，荷兰乌特勒支，1924
16. 谢尔盖 · 爱森斯坦，《战舰波将金号》（*The Battleship Potemkin*）电影剧照，1925

图 12-15

图 16

保罗·威格纳，《泥人哥连》。
场景由汉斯·波尔茨格设计

空间与事件

我们能否通过反复强调“没有事件就没有空间，没有功能策划就没有建筑”，而对建筑讨论做出一些贡献？在见证建筑领域的历史主义或者形式主义复兴的今天，这样做似乎是有必要的。我们提出，建筑的社会影响以及形式创造，都无法与“发生”在建筑中的事件分离开来。最近出现的一些项目一直在强调功能策划和符号的话题，它们提出以一种批判性的态度去观察、分析、解读那些过去和当前建筑思想中最具争议性的立场。

然而这一做法经常与当前主流的建筑讨论相背离。在整个 20 世纪 70 年代，我们见到的是牺牲功能性而过多关注风格的讨论趋势，以及建筑从一种知识的形式被缩减为一种关于形式的知识。从现代主义到后现代主义，建筑的历史被偷换为关于风格的历史。这一被误导的历史观从语言学中借用了“阅读”多层意义的能力，却将建筑缩减为一种表面符号系统，而无视空间与事件之间时而互惠、时而无关、时而冲突的关系。

在这里我并不想去展开分析这一吞噬了理论批评界的现象。然而，需要指出的是，对于风格问题的强调并非偶然，它对应了一个具有双重性的普遍现象：一方面，开发商在规划大型建筑的过程中扮演了越来越重要的角色，这促使很多建筑师沦为建筑装饰者；另一方面，众多建筑评论家将关注集中于解读表皮、符号、隐喻，以及其他表达方式，而往往又拒绝了针对空间功能策划的讨论。这是同一个问题的两个方面，反映出建筑专业人士越来越不关心在其设计的空间中发生的事件和活动。

在 20 世纪 80 年代初，对功能策划的讨论仍被视为禁区。对于功能策划的关注被视为过时的功能主义教条的残余而遭到批驳。建筑评论界将功能策划仅仅作为风格实验的托词。很少有人敢去尝试探索形式研究与功能创造之间，以及建筑思想的抽象性与对事件的表达之间的关系。杂志的大量发行使吸引眼球的建筑图像得以广泛传播，导致建筑变成了被凝视的对象，而非面向空间和动作的场所。绝大多数画廊和博物馆中的建筑展览也鼓励关于“表皮”的实践，并以一种装饰画的形式展示建筑作品。墙和身体、抽象的平面和使用者，极少被认为属于相同的指代系统。这个时期终将有一天会被视为 20 世纪建筑不再天真的时刻，因为我们终于清楚地了解到，无论是超级技术、功能表现主义还是新柯布西耶主义都无法解决社会的诸多问题，而建筑在意识形态上并非中立。一场剧烈的政治动荡、一种建筑批判思想的重生，以及历史和理论的新发展，一起促成了一个还无法预计结果的现象。这种普遍丧失的天真使得建筑师们基于各自的政治和意识形态立场做出了不同的回应。在 20 世纪 70 年代早期，一些人全盘谴责了建筑，宣称建筑在当前的社会经济背景下只可能是保守的，也只可能强化现状。其他一些人则在结构语言学的影响下，开始探讨“常量”，以及超越所有社会形态的建筑的理性自治。另一些人重新引入了政治性的讨论，并鼓动回到工业革命前的社会形态。还有一些建筑师则玩世不恭地使用了巴特、艾柯（Umberto Eco）或者鲍德里亚（Jean Baudrillard）等人的风格和意识形态分析，但并未批判性地用这些理论去质疑遭到扭曲、弱化的建筑实践的本质，而是通过对历史性或者隐喻性元素的拼贴，向他们的建筑肤浅地植入意义。随之而来的后现代主义的限制性观念（相较于文学和艺术，其限制性已有所减弱），则完整且不加批判地将建筑重新纳入消费的循环中。

在伦敦建筑联盟学院，我设计了一门名为“理论·语言·态度”的课程。这一课程利用学院鼓励自主研究和独立讲座课程的教学结构，讨论了关于城市的政治和理论思考 [例如鲍德里亚、列斐伏尔、阿多诺（Theodor W. Adorno）、卢卡克斯（Georg Lukács）、本雅明等]，以及摄影、概念艺术、表演等领域对艺术感性的启发。从这种理论批判讨论与视觉感性的对立中可以发现，这二者其实是互补的。学生的课程作品探索了这种重叠的感性，但他们所采用的表达方式通常非常晦涩，以至于最初引起了学校方面的敌意。这些学生作品使用的表达方式与当时建筑院校和事务所常用的大相径庭。在年终展览中，以各自独特手法展现的文字、录音、电影、宣言、故事板，以及幽灵般的人物照片，被置入了一个跳脱了建筑行业常规设计的空间之中。

这些作品大量使用了摄影：它们被作为“现场”的植入、人为的记录，或是被注入建筑图像中的一丝现实气息（当然这是一个遥远的现实，通常被人为修改过且经过精心安排，人物与场景形成互补）。学生们在这些仔细选择的“真实”空间中，建立起虚拟的功能策划，然后拍摄了完整的照片序列作为他们建筑探索的证据。任何新的建筑态度都必须质疑现有的建筑表达方式。

其他涉及城市生活批判性分析的作品大都采用了写作的形式。它们后来被按教学单元编辑、设计成一本书，并印刷出版。于是，如我们之前提到的，“建筑的文字成为了建筑作品”。这本名为《城市政治编年史》（*A Chronicle of Urban Politics*）的书尝试分析了我们的时代与之前时代的区别。关于碎片化、文化的去技能化[1]以及“中间城市”的文章分析了消费主义、图腾以及表象主义。其中一些文章提前多年指出了后来文化圈常见的观点：错位的图像、人工性[2]，以及表象的现实与体验的现实之间的对比。

这一课程对艺术类型和学科的混合，招致了当时学术权威们的广泛

1 译者注：原文为 cultural déqualification，指人们被迫在低于自己能力、职业技能的职位工作。

2 译者注：原文为 artificiality。

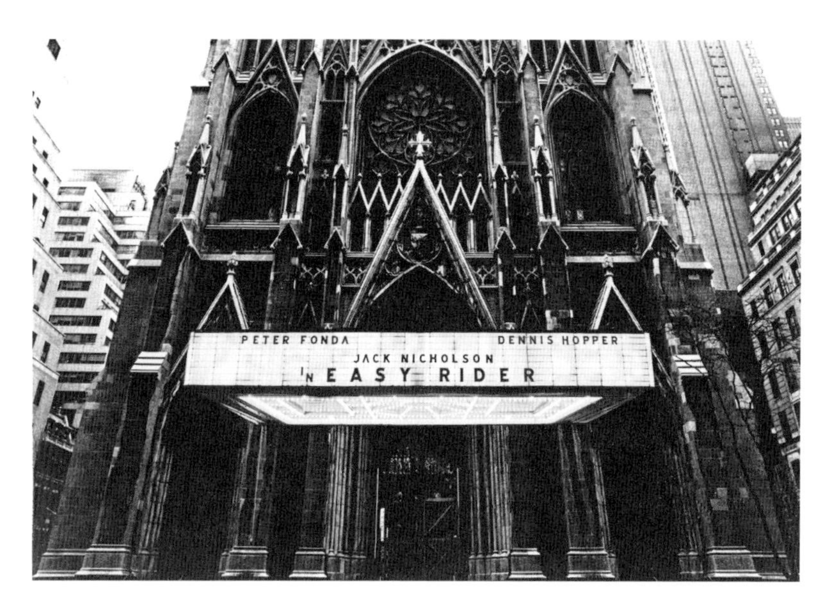

无题照片拼贴，《哈珀和女王》杂志（*Harper and Queen*），约 1971

指责，他们依旧痴迷于建筑学科的自治和自我参照。然而，这一课程的重要性并不在于创造一个历史先例或者宣言。它通过叠加概念与认知、语言与空间，强调了抽象与叙事之间的若干重要关系——抽象概念与直接体验的复杂并置、矛盾的复杂并置，以及相互排斥的情感的叠加。这一语言和视觉之间的辩证在 1974 年达到了高潮，设计课组织了一系列“文学性”的课程项目，要求学生在文字提供的功能策划和事件的基础上进行建筑设计。文本在其中起到了决定性作用，因为它们指出了事件和空间的互补（有时是缺乏互补的）关系。一些文字，如卡尔维诺（Italo Calvino）的《看不见的城市》（*Invisible Cities*），是如此地富有力量和“建筑性”，以至于学生必须比简单再现它们更进一步；弗兰兹 · 卡夫卡的《地洞》（*The Burrow*）挑战了传统的建筑认知以及表达方式；爱伦 · 坡的《红死病的假面具》（*Masque of the Red Death*）（在我作为普林斯顿大学客座评论员期间写就）提出了将叙事和空间序列进行类比的观点。这些对于语言和空间交织而成的复杂关系的探索，自然会涉及詹姆斯 · 乔伊斯的发现。我在一次赴美指导课程中将《芬尼根守灵夜》的节选作为设计题目的功能策划。项目的基地位于伦敦的考文特花园（Covert Garden），学生被要求通过类比或者对立的方式，从乔伊斯的文字中推导出建筑。这样的研究意义重大，因为它超越了功能主义的观点，而为分析事件和空间之间的关系提供了框架。

在文学脉络中展开的事件，不可避免地提示了在建筑中展开的事件。

空间与功能策划

文字性的叙事能够在多大程度上影响对建筑内发生的事件的组织（无论这种组织被称为“使用方式”“功能”“活动”还是“策划”）？如果作家可以像扭转词汇或者语法那样来操作故事的结构，建筑师是否也能够以相同的方式，通过客观、独立、充满想象的方式来组织功能策划？如果建筑师可以下意识地使用类似重复、扭曲或者并置等方式来设计墙的形式，他们是否也能够用类似的方式组织发生在墙内的活动，例如在教堂里进行撑杆跳，在洗衣房里骑自行车，或在电梯井内跳伞？这些问题越发使人意识到：传统的空间组织可以和最超现实的疯狂活动联系在一起，反之亦然：最为复杂和近乎荒谬的空间组织，也可以容纳一个普通郊区家庭的日常生活。

很明显，这样的研究并不是为了找出意识形态或实际操作层面的直接答案。它更为重要的目的是指出功能策划和建筑之间的关系可以是顺其自然的，也可以是人为设定的。当然，后者更令我们感兴趣，因为它拒绝了任何功能主义的倾向。在那个时代，当绝大多数建筑师都在质疑、攻击或者公开地反对现代主义的正统教条时，我们拒绝参与这些讨论，只将它们视为风格的或者语义的斗争；当那些教条是因为将建筑削减为极简主义的形式操作而被攻击时，我们也拒绝利用看似机智的隐喻去丰富它。关于互文、多重解读以及双重标准的讨论都需要包含功能策划的考量。如果将帕拉第奥式拱顶用于健身中心，“帕拉第奥式”和健身这个事件的本质都被改变了。

为了探索约定俗成的形式与约定俗成的使用方式之间的分离，我们开展了一系列项目，将具体的功能策划与特定的（通常是与之冲突的）空间对应起来。功能性文脉与城市形态之间的对立、城市形态与空间体验之间的对立、空间体验与过程之间的对立，这些关系为我们的研究提供了辩证的框架。我们有意识地提出了一些对于某个基地完全不可能的功能策划，如位于伦敦苏荷区的体育场，华都街（Wardour Street）附近的监狱，或者位于一个教堂墓地的舞厅。与此同时，对于标记[3]的讨论变得格外重要：

3 译者注：原文为 notation。

如果对于建筑的解读包含了发生在其中的事件，那么有必要设计记录这些活动的方式。于是一系列标记方式被发明出来，以弥补平面图、剖面图以及轴测图的局限。从编舞设计中提取的运动标记法，以及从乐谱而来的同时性音符，都在建筑学语境下进行了化用。

运动标记通常来自我们绘制身体在空间中实际动作的愿望，后来逐渐变为一种并不必参照实际运动，而是参照运动概念的符号。它提醒我们，建筑也关乎身体在空间中的运动，而标注这些运动的语言与建筑的语言是互补的。这种运动标记法试图囊括既有的和新兴的建筑制图规范以及建筑认知方式。对图像的分层、并置和叠加操作有意模糊了平面、制图规范与其在建成空间中的意义之间的传统关系。渐渐地，建筑图纸不仅被视为对于复杂建筑现实的标记，也被看作独立的艺术图像作品，它具有独立的参照系，与传统的建筑平面图和剖面图区分开来。

对于戏剧性的功能策划（如谋杀、性、暴力）或者表达方式（如强化描边的图像，或类似俯冲的轰炸机的扭曲的视角）的痴迷，都是为了去引发一个回应。建筑不再是动作的背景，而成为了动作本身。

这一切都意味着，如果建筑想要具备沟通的能力，建筑师就必须能够制造“震撼”。大众传媒、时尚界以及畅销杂志影响了对功能策划的选择，例如精神病院、时尚学院，以及福克兰群岛战争。绘图的技巧也同样受到影响，从早期的黑白照片到后来的油笔绘图，都反映出建筑活动不可避免的“媒体化”。随着戏剧感对建筑作品的渗透日益广泛，电影化手段逐渐取代了传统表达方式。建筑领域中对于事件的讨论变得和对空间的讨论一样重要。

在我们早期的作品中，事件、运动、空间被有目的地并置在一起，相互之间呈现出紧张的状态。随后，我们的作品逐渐开始采取更加包容的态度。我们从对城市的批判开始，回归最基本的东西——简单而纯粹的空间，如荒芜的景观或一个房间；简单的身体运动，如直线行

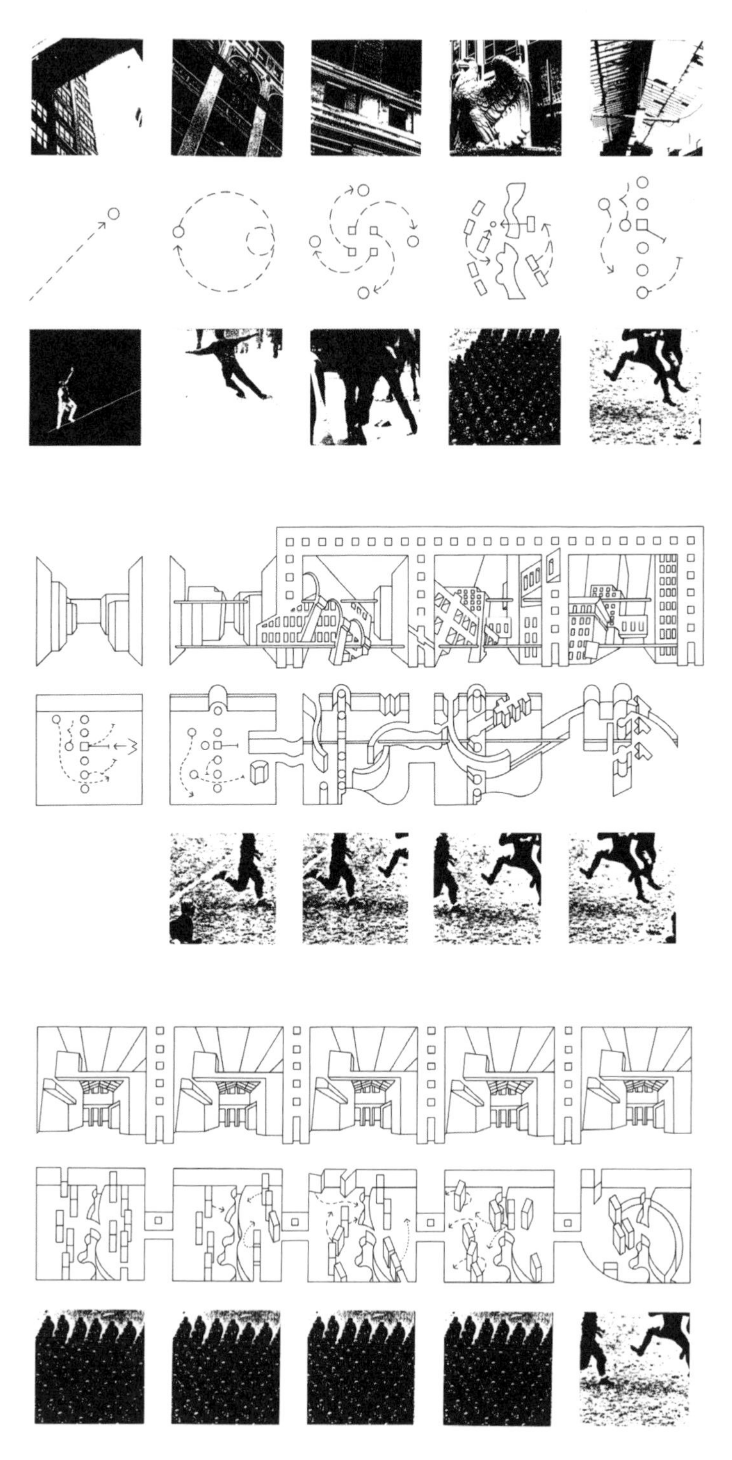

伯纳德 · 屈米，“第四部分：街区”，出自《曼哈顿手稿》

走或舞蹈；以及短暂的场景——然后引入文学的类比、事件的序列，并将这些功能策划置入既有城市文脉，逐渐增加了作品的复杂性。如今，在世界各地的大都市中，适应新的城市环境的新功能策划正在产生。我们的工作形成了一个回路：它以解构城市为起点，在今天则探索着新的组合规则。

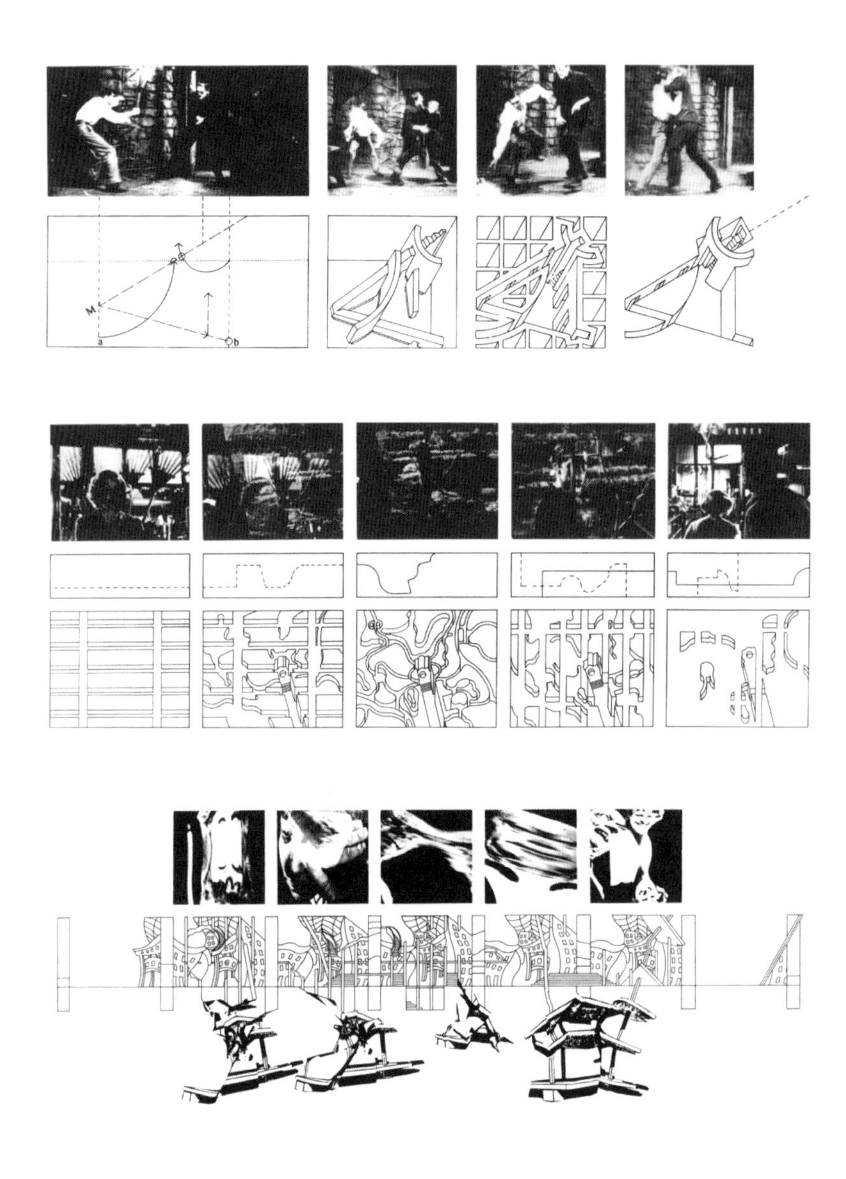

伯纳德 · 屈米，电影场景操作（打斗），1977
伯纳德 · 屈米，电影场景操作（精神崩溃），1977
伯纳德 · 屈米，电影场景操作（多米诺扭曲），1979

序列

任何建筑的序列都包含或者隐含了至少三种关系。首先是一种内在关系，它涉及工作方式；其次是两种外在的关系，一种涉及实际空间的并置，另一种则涉及功能策划（发生的事情或者事件）。第一种关系，或被称为“**转换性**序列”，也可以被描述为一种工具、一个程序。第二种“**空间的**序列”在历史中一直存在：它包含了丰富的类型先例以及无限的形式变化。第三种关系的特点在于其社会性和象征性的内涵：我们可以暂时称它为**功能策划性**序列。[1]

我们所熟悉的一种建筑图纸实际上已经包含了一种变换序列：一系列连续的透明描图纸被层层叠加，每一层都包含了变化，但始终围绕着一个基本的主题或者中心[2]。每一层重绘都明确或者重新定义了原稿的组织原则。这一过程通常基于直觉、先例以及习惯。

序列也可以基于一套精确、理性的转换规则和离散的建筑元素。于是，这一序列性的转变成为其自身的理论对象，转变过程即是其结果，转变的积累和转变的最终结果一样重要。

转换性序列更多依靠对于某些**手段**或者规则的使用，例如压缩、旋转、

1 Bernard Tschumi, *The Manhattan Transcripts*. New York/London: St. Martin's Press. Academy Editions, 1981.

2 译者注：原文为 parti，法语。

置入以及转移。这些序列同样可以展现特定的变化、增长、融合、重复、反转、替换、蜕变、畸变以及解体。这些手段可以被用于空间的或者功能策划的转换。

转换性序列有闭合的，也有开放的。闭合序列的结果是可预期的，因为它所选用的规则本质上意味着一个过程的终结、循环或者重复。开放的序列没有闭合，新的转换要素可以根据其他标准被随时添加进来，形成不同秩序序列的并存或者并置，例如一个叙事性的或者功能性的结构与一个形式的转换结构并置。

> *罗兰·巴特在《叙事作品结构性分析》中这样定义一个序列："它是一种基于统一关系被整合在一起的叙事功能单元的逻辑串联：如果其中一个元素没有单独的先行词，这一序列就开始了；当另一个元素没有结尾时，这一序列就结束了。"*[3]

空间的序列，如成套式配置[4]、纵列排布的房间[5]、沿同一轴线排列的空间，都是具体的建筑组织方式，从埃及神庙到文艺复兴的教堂再到现在（都一直被使用着）[6]。它们都强调了一条被规划好的、有着固定停留点的路径，一系列被连续的运动串联在一起的空间节点。

转换性序列和空间的序列很少交汇，仿佛是建筑师运用一系列离散的限

3 Roland Barthes, "Structural Analysis of Narratives," in *Image-Music-Text* (London: Fontana, 1977).

4 译者注：原文为 configurations-en-suite，法语。

5 译者注：原文为 enfilades。

6 译者扩注。

制将最终的结果和初始的构想仔细地区分开来，而这些限制使建筑师的小心思不会暴露在最终成果中，也反映出相较于活跃思想的不确定性，建筑师更偏好被准确定义的轴线。

———

如果空间序列可以通过几何形式的差异来展现 [例如哈德良别墅（Villa Andriana）]，那么它们也可以在保持相似几何**形式**的基础上，仅仅通过**尺度**变化来展现 [例如乌尔比诺[7]的公爵宫（Palazzo Ducale）]。它们甚至可以逐渐增加复杂性，或者依据某种规则和手段一步步地被建造或者拆除。

———

空间的转换可以被包含在时间序列中，例如 1923 年弗雷德里克 · 基斯勒（Frederick Kiesler）基于连续场景为尤金 · 奥尼尔（Eugene O'Neill）的《琼斯皇帝》（*The Emperor Jones*）所设计的舞台空间。

———

路易吉 · 莫雷蒂（Luigi Moretti）针对帕拉第奥蒂内府邸（Palazzo Thiene）的空间序列和抽象关系这样写道："从它们的尺度来看，这些序列在图像上等同于一系列圆圈。这些圆圈的半径与其所在体量所对应的空间球体成比例，而这些圆圈的中心则与它们所在体量的重心重合。这些圆圈的大小与其中心与空间的基准平面（建筑的基座层）的距离成比例。"[8]

———

空间序列也可以呈现混合的形式设置。莫雷蒂这样描写了帕拉第奥的圆厅别墅："在充沛的光线下，门廊到大厅的体量从最大变到最小，而从尺度上，它所呈现的秩序分别是中等、极小、极大。"

7 译者注：Urbino，意大利城市。

8 Luigi Moretti, "Structures and Sequences of Space," *Oppositions* 4 (New York: Wittenborn Art Books, 1974).

然而建筑必须被使用：事件、使用、活动或偶发情况的序列总是被叠加在确定的空间序列之上。这些都属于功能策划性序列，它们包含了隐秘的路径和疯狂的幻想，将漫无边际的事件和空间的集合一帧接着一帧、一个房间接着一个房间、一幕接着一幕地串联在一起。

在空间的形式系统和事件的系统之间是否存在因果联系？诗人兰波（Arthur Rimbaud）思考了元音是否具有颜色，字母 a 是红色的还是蓝色的。类似地，圆柱形的空间是否更适合宗教，而方形的空间是否更适合工业？在空间与事件、形式与功能等系统之间，是否存在着一对一的关系：两个系统互相刺激，互相吸引？

将事件添加到自治的空间序列中是一种“**激发**”[9]的形式。这里使用的是俄罗斯形式主义者对“激发”的定义：依靠这种“激发”，“过程”及其手段成为了文学作品**存在的理由**，而“内容”只是一种形式的**后验性**证明。

那么，将空间添加到自治的事件序列中，是否是一种反向的激发形式？或者说这仅仅是一种扩展的**策划**形式？任何被预先设定的事件序列都可以被转变为功能策划。

功能策划：一个在一切正式流程开始前提出的描述性提示。它可以是一场节日庆典、一门课程……一个项目清单，或者一场音乐会的“曲目顺序单”，等等，这些项目被组合在一起，成为了一个完整的表演……

9 译者注：原文为 motivation。

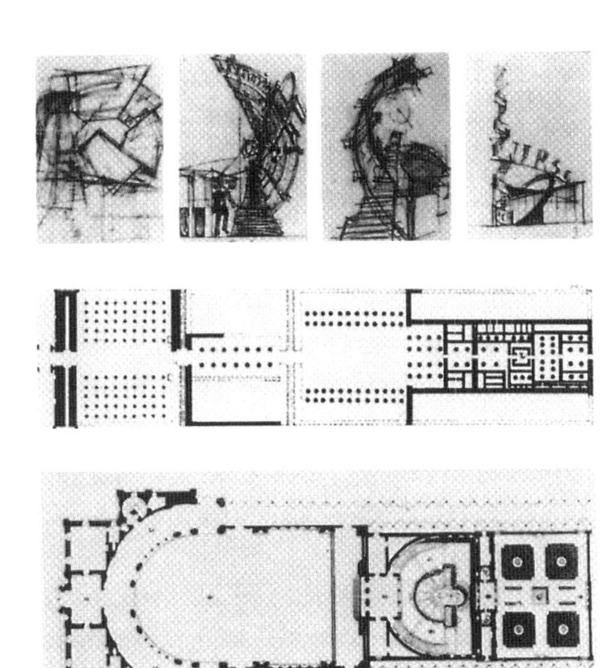

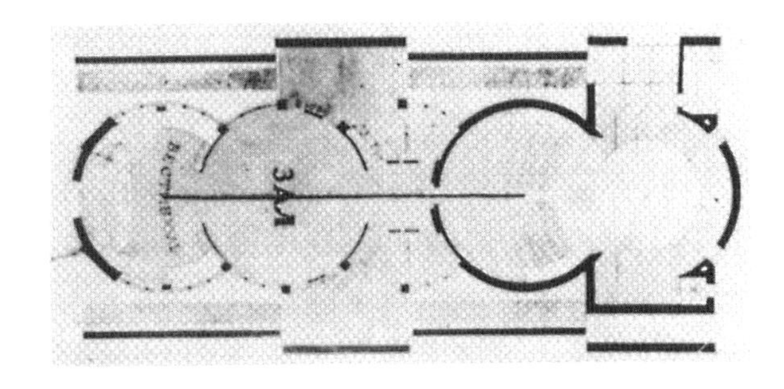

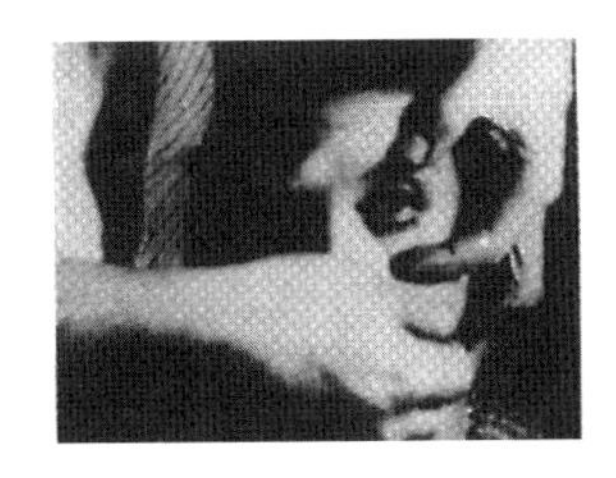

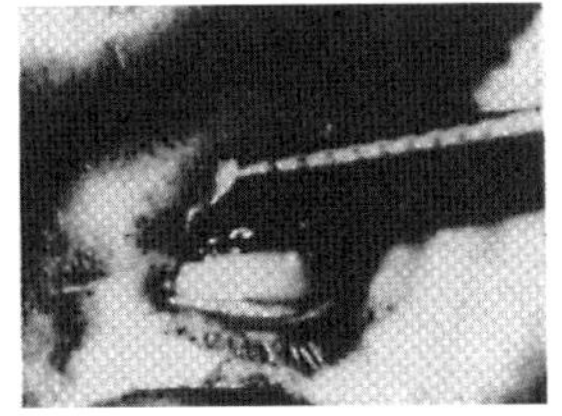

康斯坦丁·梅尔尼科夫，苏联馆初步草图，巴黎世界博览会，1924

神庙平面，卡尔纳克，埃及。由波科克重建。由夸特梅尔 · 德 · 昆西重印，1803

维尼奥拉和安曼蒂，茱 莉 亚 别 墅（Villa Guilia），意大利罗马，1552

康斯坦丁·梅尔尼科夫，工人俱乐部平面，俄罗斯莫斯科，1929

路易斯 · 布努埃尔和萨尔瓦多 · 达利，《一条安达鲁狗》（*Un Chien Andalou*），1929

———

功能策划分为三类：与空间序列无关的、强化空间序列的，以及与空间序列相对抗的。

———

无关：事件的序列与空间的序列在很大程度上可以互相独立，例如位于1851年水晶宫规律排列的柱廊间的各类异国展位。我们可以从中看到一种“无关”策略，其中对形式的考量不取决于对用途的考量。（例如军队在田地中行军。）

———

互惠：空间的序列和事件的序列可以相互依存，并且互相影响彼此的存在。例如在“居住的机器”[10]、德意志制造联盟的理想厨房，以及宇宙飞船中，每一个动作、运动都是被设计和策划好的。我们可以从中看到一种“互惠”策略，两种序列相互强化。这一策略被功能主义者所偏好。（例如滑冰者在滑冰场滑冰。）

———

对抗：事件的序列与空间的序列有时也互相冲突和对抗。我们可以从中发现一种对抗策略，一种序列不断地侵犯另一种序列的内在逻辑。（例如军队在钢丝上滑冰。）

———

就其本身而言，空间序列独立于发生在其中的事件。（例如，昨天我在卫生间里做饭，在厨房里睡觉。）当然它们也可能在或长或短的一段时间内重合。正因为事件的序列并不依存于空间的序列（反之亦然），它们可以构成独立的系统，有着各自的内在构成规律。

10 译者注：原文为 machines à habiter，法语。

空间的序列大多具有结构性，或者说，对它们的观察和体验可以独立于它们偶尔引发的意义。功能策划性序列大多具有推理性：从事件或者那些能够提供序列隐含意义的“装饰”之中，可以获得结论或者推断。这里提出的差异当然是人为强调出来的，它们并不独立存在。

事件“（在场所）发生”[11]，一次又一次。

序列的线性属性将事件、运动、空间整合在同一个进程中。这一进程将不同方面的考量组合或者并列在一起。序列提供了“安全保障”，以及一种能够对抗建筑恐惧的规则。

并非所有的建筑都是线性的，也不是所有建筑都由附加的空间、可拆分的局部以及明确的统一体组合而成。圆形的建筑、网格状的城市、还有片段性视野的聚合以及没有起点和终点的城市，它们创造了拥挤的结构，其代表的意义来自体验的秩序，而非构成的秩序。

密斯 · 凡 · 德 · 罗的巴塞罗那馆：该建筑是对一个单一空间的分解和片段化。在这里存在一个直观视野的序列，以及一个身体体验的序列，其中包含一系列具有多重解读的、不确定且暧昧的表达。然而这个建筑的空间序列又是围绕着一个主题性结构来组织的，少量元素之间的差异成为了根本性的主题——范式。

提到体验的秩序，我们需要考虑时间、先后顺序，以及重复。然而，有

11 译者注：原文为 take place，有双关意。

一些建筑师对时间充满怀疑，他们希望建筑可以像广告牌一样一瞬间就被读懂。

序列具有情感的价值。莫雷蒂这样描述罗马的圣彼得大教堂：“压力（通道的门），有限的自由（中庭），对立（中庭的墙），短暂的压力（巴西利卡门），完全的自由（横向中殿），最终的沉思（中心系统的空间）。”

无论是存在于过程中的空间还是真实的空间，都像是建筑创造过程中关键时刻的快照。它们是一系列静止的画框。

如果空间序列不可避免地意味着观察者的运动，那么这些运动可以按一定顺序客观记录下来并形式化。运动标记：传统编舞标记图的衍生，它旨在消除那些具体动作的既有意义，而将关注集中于它们的空间效果——记录空间中（舞者、足球运动员、杂技演员）的身体运动。

对洛特雷阿蒙（Comte de Lautréamont）而言，运动从来不意味着从一点移到另一点，而是去完成某种图形，去形成某种身体的节奏，如“他跑开了……他正在跑着离开”或者“那个路过的疯狂的女人跳着舞”[12]。

S	E	M
空间	事件	运动

任何序列的最终意义总是取决于空间、事件、运动之间的关系。广义地看，任何建筑的状态都取决于这三者之间的关系。三者组合而成的 SEM

---

12 译者注：两个例句原文分别为“he is running away … he is running away”和“the mad woman who passes by, dancing”。

序列打破了单独序列（无论是空间、时间，还是运动）的线性。

然而建筑的序列不只意味着实际建筑的现实，或者它们虚构的符号现实。它始终蕴含着一种潜在的叙事，无论是方法的、使用的，还是形式的。它将对一个事件（或者一系列事件）的展示，与渐进的空间解读（当然这会改变叙事本身）结合在一起。以仪式为例：在仪式推进的路径上，从开始点到结束点，各种挑战连续出现。在这里，序列的秩序是固有的。路径本身比沿途的任何一点都更为重要。

仪式意味着动作和空间之间近乎定格的关系。它在一个原始事件的失序之后建立起一种新的秩序。当有必要调和冲突，并用规则去修复它时，任何的片段都不能被遗漏，任何奇怪的或者预料之外的事情都不能发生。控制必须是绝对的。

局部的控制可以通过对帧的使用来实现。每一帧（序列的每一个部分）都承接、加强或者改变了之前或者之后的帧。如此建立起来的帧与帧的联系会导致多重解读，而非单一的事实。每个部分既是完整的又是不完整的。每部分都成为了针对不确定性的宣言；无论这种不确定性是方法性、空间性还是叙事性层面的，它始终存在于序列中。

间隔／封闭／间隔／封闭／间隔／封闭

是否存在“建筑性的叙事”，一种设定了序列以及语言前提的叙事？我们知道，建筑的“语言”，或者“会说话”的建筑，这些都是充满争议的议题。另一个问题：如果这样的建筑叙事对应着文本叙事，那么空间是否能和符号发生关联，并形成一种论述？

叙事可以从一种媒介转译到另一种媒介（例如将《唐璜》转译为戏剧、歌剧、芭蕾、电影，或者连环漫画），这提示在建筑领域也可能存在类似操作，但这并不是按建筑线性的行进方式进行类比，而是基于严密的观察。特拉尼（Giuseppe Terragni）设计的但丁纪念堂并没有讲述一个关于事件的故事，而是提示了关于寻找的时间性：人不可能在同一时间身处多个地点。这个建筑代表了一类特殊的寓言，它所包含的各个元素最初都对应于一个物理的现实。

对情节的使用意味着一种终结，一种整体组织的终结。它将一个结果强加于变换性序列（或方法性序列）的开放性之上。而当一个“功能策划”或者一个“剧情”（例如一个单亲家庭住宅或者“灰姑娘”的故事）已被人熟知（就像大多数的建筑功能策划都已被人熟知一样），只有“以不同的方式重新讲述”才是有意义的——“讲述”已经足够多了。

> *序列[向戈达尔(J.-L. Godard)致敬]:“建筑师先生,您是否同意,一个建筑应该拥有一个基础、一个中部,以及一个屋顶?”“是的,但不一定必须按照那样的顺序。”*

在文学和电影中，对序列的操作方法包括倒叙、交叉剪辑、特写和淡入淡出等。在现代建筑的序列中加入巴洛克式细节，这是否是一种暂时性的倒叙?

> *构成的形式：拼贴序列（冲突）或者蒙太奇序列（递进）。*

压缩的序列将独立的空间和动作切分为离散的片段。通过这种方法，我

们可以看到对某一空间的某一种使用活动紧密接续着对另一空间的另一种使用活动。压缩的序列偶尔会将三维的建筑缩减为一维（如勒 · 柯布西耶的加歇别墅）。扩张的序列则为空间之间的间隙赋予了实体，这些间隙因此也成为了空间——一个走廊、一个门槛或一个门前台阶，成为被插入事件之间的合适符号（如约翰 · 海杜克的墙屋）。将扩张的序列与压缩的序列组合，可以构成协调的或者有节奏的特殊序列。

———

所有的序列都可以累积。它们的“帧”通过并置获得意义。它们建立起了关于之前的帧以及事件过程的记忆。去体验和追随一个建筑序列，意味着去反思发生的事件，并将它们组织成连续的整体。即使没有必要详述每个片段的本质，最为简单的序列也比单纯的“成套式配置”要复杂。

———

帧：序列中的时刻。像用电影剪辑器那样去“一帧接一帧”地检视建筑。

———

帧不仅是一种**限定的手段**（它意味着顺从、规律、坚固），同时也是一种**被限定的材料**（它意味着质疑、扭曲、置换）。在某些情况下，限定的手段本身可以成为扭曲的对象，而被限定的材料本身也可以是顺从和有序的。

———

帧使得对于序列的极端形式操作成为可能，这是因为相似的帧的内容可以被混合、叠加、消解或剪切，这给叙事序列提供了无限可能。这些对材料的操作可以按照形式策略被分为重复、分离、扭曲、溶解以及置入。例如，在序列中置入新元素可以改变序列的意义，及其对序列的感受主体的影响。以库里肖夫的实验为例，在影片的不同场景插入同一张演员毫无表情的面部特写，观众会在不同的并置状态中解读出不同的表情。

———

在序列进行过程中保持不变和被动的参数可以被添加或转换，例如一个给定的空间配置（如“圆圈”）穿越一帧又一帧，从一个房间到另一个房间，从而形成一种**置换**。

———

所有转换性的手段（重复、扭曲等）可以被等效和独立地使用于空间、事件或者运动。于是我们可以在拥有一个重复性空间序列（例如“柏林街区”中连续的内院）的同时，拥有另一个附加的事件序列（在第一个院子里跳舞，在第二个院子里打斗，在第三个院子里滑冰）。

———

当然，建筑的序列也可以被策略性地设计为分离的（例如在地下墓穴中撑杆跳）。

阿姆斯特丹的庭院，约 17 世纪

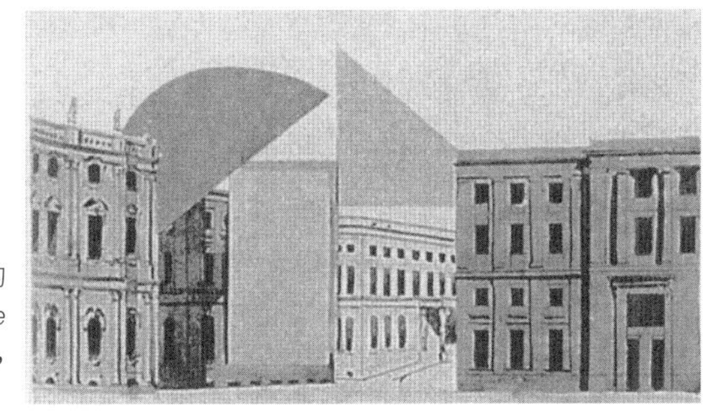

内森 · 阿尔特曼，《革命的重现》(*Re-enactment of the Revolution*)，宫殿广场设计，俄罗斯彼得格勒，1918

三、分离

写于 1984—1991 年

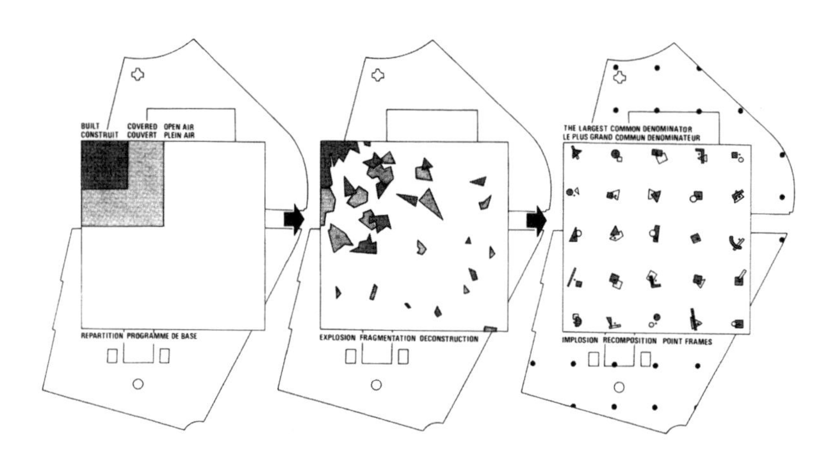

伯纳德 · 屈米，拉维莱特公园：功能策划性的解构的最大公分母 = 疯狂

疯狂与组合

下面的文章包含两篇短文。第一篇探讨了疯狂以及转移的概念；第二篇探讨了组合以及混合的概念。这两篇短文彼此相关，就像科学与技术相关，或者解读与事实相关一样，即使这样必然的联系令人感到不适。

1. 疯狂

> 疯狂这个词处于永恒的自我冲突中，并且不断地提出疑问，它质疑了自身的可能性，以及包含着它的语言的可能性；于是，疯狂质疑着自我，因为它也属于语言的游戏。
>
> ——莫里斯 · 布朗肖（Maurice Blanchot）

疯狂是拉维莱特城市公园从始至终的参考点，因为它似乎能够描述 20 世纪末所具有的一种特征——使用方式、形式以及社会价值观之间的分离和崩裂。这一现实并不一定是消极的，相反地，它代表了一种与 18 世纪人文主义和 20 世纪各种现代主义全然不同的新状态。在这里，疯狂与它的精神分析学意义“精神错乱”相关，也可以在某些极其具体的条件下与其建成态“疯狂”[1]相关。拉维莱特公园的设计目的是将建成的

1　译者注：原文为 folly。

"疯狂结构"[2]从其历史涵义中解放出来，并将其置于一个更加开放和抽象的维度，使之成为一个自治的物体，以便能够在将来接受新的意义。

接下来的文字试图将广义的建筑，以及作为个案的拉维莱特公园放置于具体的方法论文脉，即精神分析的理论中进行讨论。这种用一种学科"污染"另一种学科的方法，也可以被视为当下错置状态的一种表现。

这里并没有必要去回顾米歇尔·福柯如何在《疯癫与文明》（*Madness and Civilization*）中分析疯狂是怎样提出了一个与社会、哲学以及精神分析相关的问题。我认为疯狂也提出了一个建筑的问题，这是为了讨论以下两点：首先，所谓"正常"（或所谓"好"的建筑，它涉及类型、现代主义运动的教条、理性主义，或者近代的其他"主义"）只是建筑元素组合或者"基因排序"的可能性之一；其次，正如所有的社会都需要疯子、变态或者罪犯来充当反面，建筑也需要极端和禁忌来记录其在建成物的实用性与概念的绝对性之间永恒的摇摆。当然，我并不是认同对于疯狂的痴迷，而只是想要指出：疯狂表达了那些为了保护脆弱的文化或者社会秩序而被否认的东西。

在方法论的层面上看，雅克·拉康（Jacque Lucan）的贡献之一是指出了精神分析理论虽然来自临床实践，但不能被缩减为纯粹的临床实践。这一观点对于今天的建筑同样适用，即建筑理论来源于真实存在的空间、身体、运动、历史，但是无论如何也不能被缩减到只和这些方面相关。无论是最初的《曼哈顿手稿》，还是后来拉维莱特公园中的"疯狂结构"，

2 "疯狂结构"（在后文部分语境下也直接译为"疯狂"）原文为 folie，在法语中意为"疯狂"。尽管它也可以指代隐藏在浓密树叶后面的小型建筑，但它的意义与英语中的"folly"大相径庭。"18 世纪的住宅通常被称为'小房子'（little houses），这并不是因为它们尺度很小，而是一种对于词语的幽默活用。Folie 的概念很明显与"疯狂"（madness）相关，这是因为在那一时期，精神病人被关押在小房子医院（Hostital des Petits Maisons）或者'小房子'中。"参见：米歇尔·加内特（Michel Gallet）著《18 世纪的巴黎室内建筑》（*Paris Architecture of the 18th Century*, London: Barrie and Jenkins, 1972）。

它们都试图去发展一种相关的理论。这一理论同时考虑了那些不可预期和偶然的、实用和感性的东西，并将那些曾经因为被视为非理性而被排除在建筑领域之外的东西理性化。

分裂、转移、锚固点

虽然那些建筑理论思想家还在错误地宣扬所谓的确定性，但是这里没有必要去重述定义了我们所处时代的分裂。当存在与意义、人与物之间的不一致性已经被尼采、福柯、乔伊斯以及拉康所探讨，如今谁还能够宣称人与物同属于一个均质而统一的世界?

绝大多数建筑实践所涉及的构成、依照现实秩序赋予物体秩序、对物体的美化，以及一个永续进步的未来的愿景等，从概念上讲在今天都不再适用。这是因为建筑的存在与它所处的世界密切相关，如果这个世界充斥着分离以及被摧毁的整体性，那么建筑将不可避免地反映这些现象。过度的风格，无论是多立克式的超级市场、包豪斯式的酒吧还是哥特式的公寓，都使得建筑语言的意义变得空虚。过量的意义不再具有意义。然而，当符号仅仅是其他符号的指代物，当它们不具有提示性而仅仅成为某种替代物的时候，意义如何产生？拉康曾说，“一个符号并不是某种事物的记号，而是表达了能指[3]运作状态的效果”；“香烟除了是吸烟者的符号以外，什么也不是”。[4]

如果说符号是可以被有规律地置换的变量，形式等则依然是常量。对于建筑而言，形式的意义仅仅在于它可以被识别：“除了它所表达的，形式并不意味着其他。形式是真实的，因为它包含了存在。形式是一种

3 译者注：原文为 signifier。

4 Jacque Lucan, "Encore," *Séminaire*, Livre XX. 除非另作说明，本文中对于这篇法语文章的英文翻译都由作者（指屈米，译者注）完成。

关于存在的知识。”[5] 对空间中形式的识别与对生活片段的理解相关。

当我们面对当代建筑的分散、非人性化以及掠夺性，将其与精神分析进行类比是可能的，甚至是正确的。无数关于精神分裂的研究已经展示了精神分裂是如何通过隐藏于另一种存在状态而存在的，它们存在于身体之外，失去了起源、保护、身份，以及部分个人经历。“在精神分裂中，一些东西的出现扰乱了主体与现实的关系，它们利用形式溺死了内容。”[6] 的确，精神分裂将文字和事物置于同一平面，而没有区分它们各自的起源。

在这一类比中，当代城市及其众多组成部分（例如拉维莱特公园）都对应了精神分裂症中被分裂的元素。于是，问题变成了如何去认识我们与城市中那些分裂部分的关系。我的假设是，这样的关系必然涉及转移的概念。建筑中的转移类似于精神分析情景法，可以作为一种工具，用于对主体的完整性进行尝试性的理论重建。“在这里，转移被认为是一种输送：分裂将转移解构为转移的片段。”[7] 在拉维莱特项目中，我们可以看到一种“形式化”，一种对于分裂状态的表达。在精神分析学的语境中，转移的片段被输送给了心理治疗师。而在建筑学的语境中，这些转移的片段只能被输送给建筑本身。拉维莱特公园背后的方法暗示着一些相遇点（或者锚固点），被错置的现实片段可以在那里被理解。

于是，分裂的形式化需要一种结构性的支持作为重组点。点状的“疯狂结构”成为了这一分裂空间的焦点；它成为了一个公分母，创建起一种包含物体、事件以及人之间各种关系的系统，并促使一种补充、一系

5 出处同注 4。

6 Jacques Lacan, “Les Ecrits Techniques de Freud,” *Séminaire*, Livre I.

7 G. Pankov, “L’image du corps et object transitionnel,” *Revue Française de Psychabalyse*, No. 2.

列具有强度的点得以发展。[8]

借由“疯狂”的网格，我们将转移的场所以拉维莱特公园的基地为背景进行了组合。当然，提前确定最适合这种转移状态的建筑形式并不是那么重要。重要的是：“疯狂”既是转移发生的场所，也是转移的对象。这一片段性的疯狂转移实现了对一系列被炸裂的或者被分离的结构的短暂重组。

精神分析学的类比到此为止。的确，在病人的世界中，一个新的、象征性的参数会介入，而对于精神分析师而言，它是构建现实的重要参数之一。然而，那些锚固点——“疯狂”——保持了一种整合的功能。它扮演了精神分析师的角色；它建立了一个从（空间意义的）断裂到（暂时性意义的）冲突的通道。这些锚固点（疯狂）创造了一种多维度的途径，强化了转移的片段，并引导了一种基于新基础的重建（一旦被解构，现实不可能再被重建如旧）。

这一系列参考点通过一个点阵网格组织在一起。这样的结构象征着避难所或者监狱的栏杆，它向无序的现实引入了一个秩序的图解。通过网格的手段，“疯狂”保证了新的参考系统的“安全”。

点阵网格是拉维莱特公园项目所采用的策略性工具。它同时设计并且激活了空间。通过拒绝等级或者“构成”，它扮演了一个政治角色，拒绝了那些过往城市规划的意识形态先验。拉维莱特公园提供了一种通过中介空间（即“疯狂”）来重建被分裂的世界的可能性。在其中，转移的“嫁接体”得以落地生根。

“疯狂”的点阵构成了一种新的可增长场所。这些“疯狂”成为新的记号：转移的“嫁接体”。转移嫁接体使得我们可以接触到空间：我们首先面对的是一种矛盾，它产生于一种必然会“重生”的空间形式。

8 这里需要指出的是，在拉康之后，精神分析学不再致力于治愈病人。如果被分析的人的确好转，那么这只是一种受欢迎的副作用。同样的情况也适用于建筑：使建筑运转良好，或者让使用者开心并非建筑的目的，而只是一种良性的副作用。

这些“疯狂”创造了“一系列节点，通过向其中重新引入空间和时间的辩证对立，使符号和现实得以成功地构建想象”。[9] 拉维莱特公园提供的就是这样一个过渡空间，一种进入新的文化和社会形态的入口。在这里，即使语言消失，表达依然可能。

于是，拉维莱特公园可以被视为一种基于叠加和锚固点等技术的创新展示。它提供了理解物体和使用方式的场所。它“自身也成为了一种机制，一种适用于所有定位方式的重组单元”[10]。拉维莱特公园由面向事物和人的多重参照锚固点所组成，它具有局部的连续性，同时挑战了主流文化、城市公园、博物馆、休闲中心等的制度化结构。

2. 组合

> 尽管任何创造都涉及对必要性的组合，但是依照古老的关于“灵感”的浪漫传说，社会的创造并非如此。
>
> ——罗兰·巴特，《萨德、傅立叶、罗犹拉》[11]

当代“疯狂”状态的片段化，不可避免地预示了这些片段将以不可预料的方式进行重新组合。这些自治的片段不再被连接成一个连贯的整体，它们独立于各自的过去，并可以按多种排列方式被重新结合，而排列的规则与古典主义和现代主义毫无关系。

下面的文字尝试指出：首先，任何“新”建筑都与“组合”有关，而所有的形式都是某种组合的结果；其次，组合的概念可以被细分为不同的

9 R. Bidault, “Approche du schizophrène en milieu institutionnel,” La Folie 1, 10/18, 1977.

10 Martin Heidegger, Questions IV, Les Séminaires.

11 *Sade, Fourier, Loyola*, tran. Richard Miller (New York: Hill and Wang, 1976).

种类。需要强调的是，这里并不将建筑视为构成的结果，或是综合了形式考量和功能限制的结果，而将其看作一个转换性关系的复杂过程的一部分。纯粹的形式主义将建筑削减为一系列形式（其极致是“无形”或者“无意义”），古典现实主义则尝试为所有形式赋予某种表达价值。在这两者之间，结构性的分析（这是我们所关注的）尝试去区分这种转换性关系的本质。

这一讨论的目的并不是去提出一种新的道德或者哲学角色，虽然类似的情况经常在建筑历史中出现。相反，它尝试将建筑师视为关系的创造者和发明者。它同样试图去分析这里所称的“组合体”，即不同类型（空间、运动、事件、技术、符号等）可能的排列和组合，同时反对功能和使用、形式和风格之间更为传统的操作。

依照这种观点，建筑不再被认为与构成或者功能的表达相关。相反，建筑被视为经过排列组合的物体，一个包含众多变量的集合，它以一种或张扬或低调的方式将那些差异巨大的领域联系起来：例如奔跑的动作、双层伸缩缝，以及自由平面。这种对于排列的操作并非没有意义：它使新的、从未被想象过的活动得以出现。然而，它也意味着任何对建筑新形式或者新模式的探索尝试都必须对所有的可能性进行分析，这就像科学研究或者结构研究中使用的排列矩阵。的确，结构主义最为重要的遗产可能就在于它的研究方法，它指出意义总是与位置和表象相关，由一个结构系列中的空插槽[12]的运动而产生。

在拉维莱特公园项目中，最为核心的研究正是关于这个空插槽。对排列的操作的最初探索出现在《曼哈顿手稿》中：“足球运动员在战场上滑冰”[13]成为了物体、人物以及事件之间可变性的宣言。《曼哈顿手稿》受到了后结构主义理论以及多种电影剪辑技术的影响，为后来的拉维莱特公园项目奠定了理论基础。

---

12 译者注：原文为 an empty slot。

13 出处同《序列》一文注 1。

当然，组合的技术并非没有先例。巴特在《萨德、傅立叶、罗犹拉》中对萨德的行为所做的分析就是一个很好的案例：对萨德而言，所有的功能都是可变的；只存在行动的类别，而不是个体的集合。一个动作的主体可以被变为它的客体，也可以变为一个花花公子、一个受害者、一个帮助者、一个配偶。情色暗示通过语言的逻辑及其多样的排列显现出来。萨德"为了能够将乱伦、通奸、鸡奸以及亵渎神明结合在一起，他强迫自己已婚的女儿献身主人"[14]。在同样的系统中，萨德将属于不同领域的异质片段并置在一起，而这些片段通常被社会禁忌（"教皇的屁股"）所隔离。那些最初不可能的，例如"被一个手无寸铁的侏儒鞭打的火鸡""被一根钢丝支撑着的楼梯"等，都变为可能被讨论的或者一种诗意的手段。污染渗透了讨论的各个方面。

文学批评家热拉尔·热奈特（Gerard Genette）在一篇名为《重写本》[15]的重要研究中，深化了这些关于转变的概念。他写道：组合只可能存在于一个可变关系的复杂系统中。这些关系既能够作用于整体的文本，也能够作用于其中的片段。在与我们有关的案例拉维莱特公园中，一种被称为"机械操作"的转变类型清晰可见。机械操作以多种形式呈现：（a）"词汇排列"：就像把原本是 10m×10m×10m 立方体的"疯狂"分解成一系列离散的片段或者元素，例如正方形或者长方形的房间、坡道、圆柱形的楼梯等，而它们组成了一个目录或者词汇表。词汇排列意味着将基本立方体中的一个元素取出，并机械地用来自另一个立方体的元素将其替换（比如，"e+7"意味着将一个立方体的每个元素被词典中其后第七个元素替换）；（b）"超文本"排列：例如立方体中的某个元素被基地附近一个 19 世纪新古典主义的凉亭所代替。在新文脉中，这种移植可能会带来元素语义的转变。

14　出处同注 13。

15　Gerard Genette, *Palimpsestes* (Paris: Editions du Seuil, 1982).

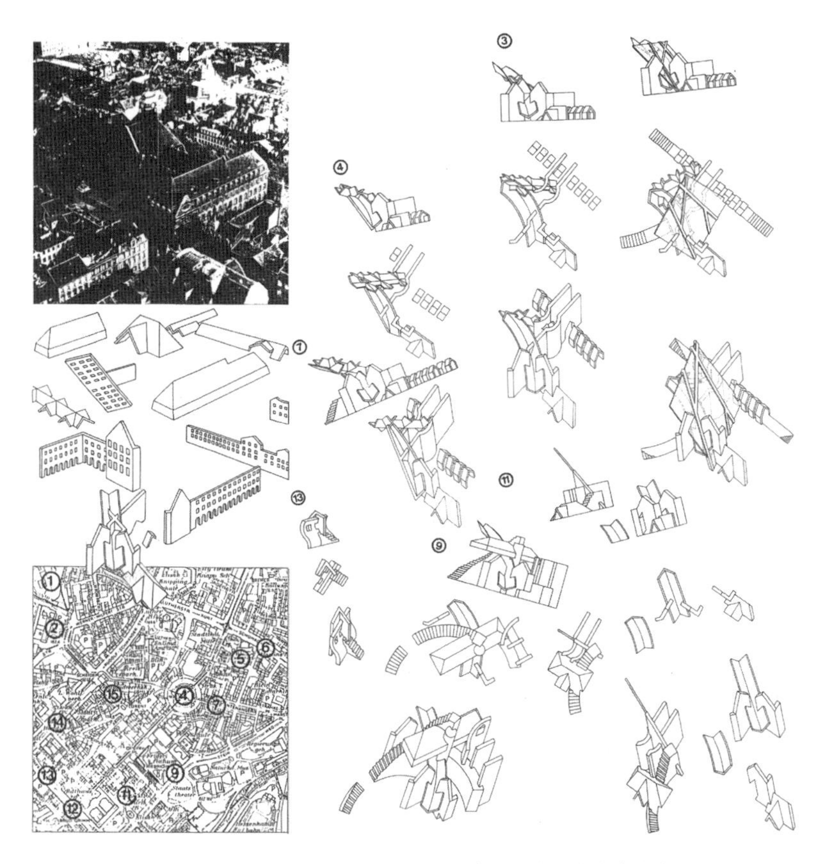

伯纳德·屈米，“疯狂”的文献（Dokumennta Folie），解构卡塞尔市政中心，1980

拉维莱特公园采用了一系列类似于作家雷蒙·格诺（Raymond Queneau）以及乔治·佩雷克（Georges Perec）操作的转换和排列，它们都源自机械操作的概念。这种通常被称作“污染”的混合技术，可以采用的形式无穷无尽。这种技术的特点在于其转换的纯机械性，它不像模仿或者戏仿那样，将文本从原本的文脉中转移到一种已被预设了意义的使用方式上。恰恰相反，拉维莱特公园中的转换并不受制于任何语义上的意图，它们产生于对一种策略或者公式的运用。虽然它在表面上与超现实主义中“精美的尸体”相似，但我们已经在前面的讨论中了解到，形式和意义的关系与能指和所指的关系完全不同。从形式逻辑的角度来看，建筑性关系从来都与语义、语法以及形式无关，而是更类似于吉加·维尔托夫（Dziga Vertov）或者谢尔盖·爱森斯坦的电影、格诺的文字，或者巴赫的赋格曲所采用的围绕一个初始主题进行有限变化的蒙太奇以及混合技术。

然而，如果这一过程只涉及在建筑的实体元素层面（如墙、楼梯、窗以及线脚等）进行的变化和排列，那么它和那些针对构成或者转换方式的研究就没有太大差别。恰恰相反，与功能主义者、形式主义者，以及古典主义或者现代主义的教条不同，我在拉维莱特公园项目中的目标正如在《曼哈顿手稿》中阐述的那样，是通过解构建筑的常规，从其他的维度重建建筑；我想要指出，空间、运动以及事件都是一种极简的建筑定义的组成部分，而当代的使用方式、形式以及社会价值之间的分离提示的是物体、运动以及动作之间一种可互变的关系。按照这一理解，功能策划成为了建筑的重要组成，功能策划中的各个元素成为了类似于建筑实体元素的可排列元素。

没有任何一个排列是“无辜的”：就像改变任何文本的形式都必然伴随着其意义的变化，功能策划、空间或者运动的排列变化必然导致意义的变化。排列的转换对于事件的改变少于对其意义的改变。具体而言，存在三种基本的关系类型：（a）互惠的关系，例如在滑冰场滑冰；（b）

无关的关系，例如在学校操场滑冰；（c）冲突的关系，例如在教堂滑冰或者在钢丝上滑冰。根据严格的逻辑，（a）与（c）并没有什么不同。真正区分正常的（a）与独特的（c），即区分功能互惠的关系与激烈冲突的关系的，是一些道德或者美学层面的评判，但它们不属于建筑学范畴并且极其多变。于是，在某些条件下，一栋功能性的建筑也可以变得充满冲突，反之亦然。真正能区分它们的是它们的动机。

类似地，所有新的关系都散发出“情色的”力量。除了明显的理论动机，创造新的关系（比如“士兵在钢丝上滑冰”）也与一种持续的需求相关，即强迫建筑去讲述超出其力所能及的部分（如果我在战场上滑冰，我便创造了一种情色的换位）。[16]

拉维莱特

在拉维莱特公园项目伊始，出现了两种不同的策略，它们都为这一关于组合的研究建立了基础。该项目的目标是将理论研究应用于实践，或者说将《曼哈顿手稿》中“纯粹的数学”发展为应用数学。第一种可能的策略是将特定的“文本”或者建筑先例［如中央公园、蒂沃利花园（Tivoli）等］作为项目的起点，并将它们基于基地和功能需求进行改编（如同将一本书改编成一部电影）。这一策略意味着将一种现有的空间组织作为“模型”，并像乔伊斯“转变”荷马的《奥德赛》一样将它进行改编或者转换。这一方法已经被应用于《曼哈顿手稿》第一部分“公园”中，在这里中央公园被作为原点或者“隐文本”，并被转化为手稿的“超文本”。另一种策略则无视了已建成的先例，以一种中性的数学配置或者理想类

16 我们可以把这种组合扩展到心理学层面。在卡萨雷斯（Adolfo Bioy Casares）的《发明羊肚菌》（*The Invention of Morel*）序言中，豪尔赫·路易斯·博尔赫斯（Jorge Luis Borges）写道：“俄国以及俄国的追随者们展示了一种‘没有什么是不可能’的极致（ad nauseum）：过度快乐而造成的自杀，慈善而产生的暗杀，相爱却终成陌路的情人，出于爱或者人性的叛国……诸如此类的绝对自由将我们带向了绝对的无秩序。”

型配置（网格、线性或者同心圆系统等）作为出发点，来引发之后的变化。该项目最终选择了后者：我们采用了点、线、面这三个自治的抽象系统，它们各自具有独立的内在逻辑，在并置之后开始互相污染。

这两种策略存在一个本质的差异。对于第一种策略，设计是转换的结果；而对于第二种策略，设计成为了转换的起点。在第二种策略中，设计不再是一个思考过程的最终产品，而是为一个漫长的转换过程提供了起点，它缓慢地导向最终建成的现实。按照这一观点，这是一个隐文本和超文本互相影响的结构。

当然，在大量的操作类型中可以区分出组合、排列、转换（或者可以更笼统地称为“推导”）等过程。在一个项目中使用或者“展示”所有的种类，必然会消解真正的建筑性目的：使未曾预料的新状态或者新活动发生。然而，对某些具有特点的推导类型进行简要梳理，无论是作为设计的工具还是批判性分析的方式，都是必要的。两种主要的推导类型分别是模仿和变形。引用热奈特的话：“副本是一种通过（最大化）模仿效应和（最小化）变形效应产生的矛盾状态。”[17] 无论是临摹、拼接还是“消化”，都呈现了不同程度的模仿，它们也都出现在近代建筑史上的各类新古典主义模仿中。尽管模仿和变形是对立的（例如，越还原的模仿就是越拙劣的变形），但它们都尝试对既有风格进行夸张或者消解，只是程度不同。例如，跨风格化是对风格的重写，现代主义意味着穿着皮夹克的莎士比亚，或者使用悬挑的贝尔尼尼。更具体而言，变形包括了“转录”（量化变形），其又可以分为削减（例如抑制、切除、切断、微型化等），以及增加（例如添加、扩展、修辞夸张、拼贴置入、尺度调整等）。替代等同于表达与添加的结合。扭曲保留了所有的元素，但改变了它们的外观（例如压缩、延伸等）。污染意味着从一个现实到

17　出处同本篇注 15。

另一个现实的渐进式转变［例如马拉美（Stéphane Mallarmé）的词汇、普鲁斯特（Marcel Proust）的语法、柯布西耶的平面、密斯的柱子］。排列要求不连续的、各自独立的转变。另外还有一个重要的类别，其中包含了分离、分解、破裂、异位和切割。

强调上述变形关系的原因很简单：对于当前异位状态的分析已经提示了重新组合的可能性。就像空间中的物质分子会偶然集中并形成新的核心那样，异位的片段也可以通过预期之外的新关系实现重新组合。这篇文章的第一部分已经提出了一种可能的重组方式，其模式来自转移的概念。这种重组的可能途径之一就存在于被称为变形关系的技术或者手段中，而其中就包含了组合。

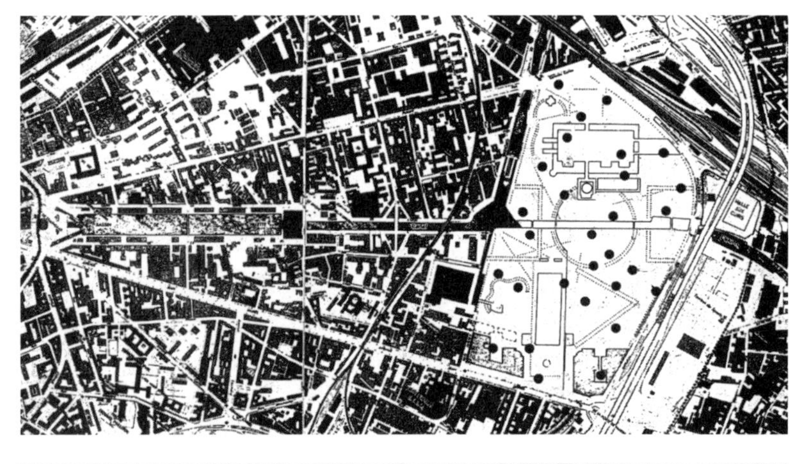

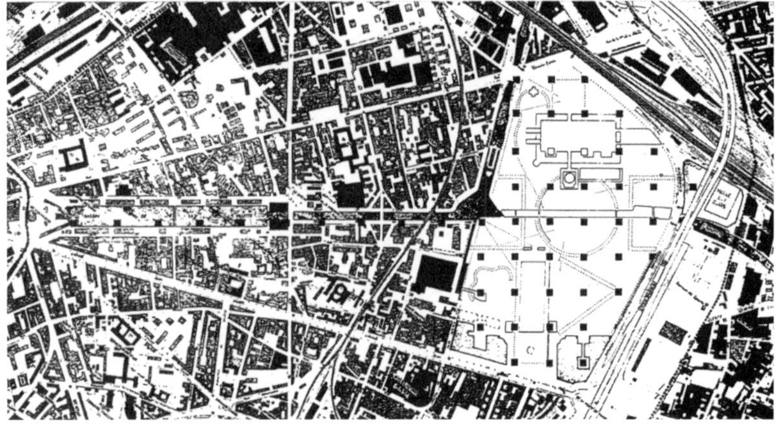

拉维莱特公园的点阵

抽象调解和策略

当面对一个城市性的功能策划，建筑师可以：

a. 设计一个巧妙的构筑物，一种富含灵感的建筑外形（一种构图）；

b. 利用现存的，填充空隙，完成文本，涂抹边缘（一种补充）；

c. 通过对之前历史累积的批判性分析去解构现存的，甚至去添加来源于别处（其他城市、其他公园）的新层次（一种重写）；

d. 寻找一种中间媒介，一个抽象的系统去协调场地（以及所有已知的限制）与其他超越城市和功能策划的概念（一种调解）。

在拉维莱特公园竞赛中，我思考了究竟是采用重写还是抽象调解作为操作方法。构图式和补充式的方法从一开始就被否决了，这是因为前者依赖陈旧的建筑神话，而后者局限于实用主义。重写的方法［在 1976 年的《电影剧本》（*Screenplays*）[1] 中已经被探索过］最终没有被采用，因为它不可避免的比喻性和表象主义元素与项目可以预见的功能、技术、政治上的复杂限制不相协调。而且，这个竞赛的目的是选择一个主持建筑师去统筹整体规划，修建公园中的重要元素，并且协调和指导其他艺术家、景观设计师和建筑师的工作。由于项目面临经济条件和意识形态上的众多不确定性，主持建筑师需要采用可替代的策略。很明显，该项目功能策划的元素需要具有可互换性，而它们的预算和重要性都可以在一代人的时间内被改变，甚至反转。

1 由伯纳德 · 屈米创作于 1976 年，是通过将电影图像与空间轴测图并置以探索事件与建筑空间之间关系的一系列图解。

基于这些认识，以及哲学、艺术、文学等领域的新发展，拉维莱特公园提出了一个强有力的概念框架，以及多种组合和替代的可能性。（公园中的）[2]一个部分可以替代另一个部分，其中建筑的功能策划也可能被修改，例如从餐厅变成园艺中心再变成艺术工作坊（这是一个真实案例）。通过这一方式，公园的特征得以保留，而国家或者机构政治的间接逻辑也可以按其不同的预期继续运转。更为重要的是，我们致力于实现一种差异化的策略：当其他设计师加入，他们的项目与“疯狂结构”之间的差别，或者与电影式漫步道连续性的不同，都能够为项目做出贡献。拉维莱特公园项目的整体目标是为了找到一种组织性结构，它能够独立于使用而存在，没有中心或者等级，并且拒绝“在功能策划和建筑结果之间存在因果关系”的简单推测。

使用点阵作为组织结构并非没有先例。抽象媒介的概念早在1977年的理论项目“乔伊斯花园”中就已经被研究过。当时，我将一个文学文本《芬尼根守灵夜》作为功能策划书来指导十多个学生对一个“真实”基地（伦敦的考文特花园）进行设计。我们将基地测绘网格的交点作为建筑介入的位置，使规则的点阵得以承载一系列各异的建筑。此外（可能也更为重要的是），点阵成为了两种互相排斥的系统——语言与石头，或者说策划文本（乔伊斯的书）与建筑语言——之间的调和者。“乔伊斯花园”并未尝试调和两种文本叠加所产生的差异，它促进了不同系统之间的对立和冲突，而非尝试整合它们。在这里，作为一种组织方式的抽象网格，实际上展示了存在于建筑能指与其功能策划所指之间，以及空间与对空间的使用之间的分离。点阵作为一种策略性工具，指出在功能策划和建筑之间并不存在因果关系，以此反对了功能主义的教条。

2 译者扩注。

点阵不仅是我曾经使用过的方法，同时也是少数几种强烈抵制“作者标签”的空间组织方式之一：它的历史多样性使其成为没有出处的符号，没有“最初图像”或者起源的印记。然而，网格所包含的系列重复以及表面上的匿名性，使其成为一种典型的“20 世纪的形式”。除了对于作者身份的抵抗，网格同样反对了闭合性的理想化构图及几何组织。它通过规则而重复的标记，定义了一个潜在的无限场域：它是不完整的、无限扩展的，没有中心或者等级。

于是，网格使项目团队面临一系列动态的对立：我们需要设计一个公园，而网格反对自然；我们需要满足一系列功能的要求，而网格反对功能；我们需要遵循现实，而网格是抽象的；我们需要尊重场地的文脉，而网格反对文脉；我们需要对场地边界保持敏感，而网格是无限的；我们需要考虑政治和经济条件的不确定性，而网格是确定性的；我们需要考虑花园式公园的先例，而网格没有起源，且拒绝沉迷于历史图像和先例符号。

叠加

需要指出的是，拉维莱特公园所采用的点阵本来也可以在场地中随机分布，只是由于策略性而非概念性的原因，我们选择了规则的点阵。同样需要指出的是“疯狂结构”的点阵（“点的系统”）只构成了项目的一部分，“线的系统”以及“面的系统”和“点的系统”同样重要。

“点”“线”“面”各自代表了不同的自治系统（一个文本），它们的叠加消除了一切“构图”的可能。它们保持了各自的差异，彼此之间也不具有任何相对的优先性。尽管每个系统都被建筑师定义为“主体”，当一个系统与另一个系统叠加在一起，作为主体的建筑师却被消除了。虽然人们依旧可以认为，建筑师通过组织叠加操作而维持着他的控制权威（因此这个公园仍然是其个人意志的产物），但是这一竞赛所要求的（就像任何大型城市项目一样）多专业参与削弱了这一领导主体的存在感。在上述三个基础的层次中可以插入其他的层次和系统，例如采用一组与“疯狂结构”并置的随机性构筑物，或者将其他设计者参与的实验性花园插入电影式漫步道的序列中。这样的并置，只有在向系统注入不和谐音符的基础上才可能成功，因此它强化了拉维莱特公园理论的一个重要部分：异质性原则。这一原则采用了多样、分离、内在对立的元素，旨在扰乱构图所包含的顺畅联系以及绝对稳定，促进了不稳定性以及功能策划的疯狂（即“疯狂结构”）。其他的既有构筑物（例如科技和工业博物馆，以及大展厅）则进一步加强了这一人为的不连续性。

电影图像

针对构图的讨论意味着基于平面图对城市进行解读。在拉维莱特公园中，这样的讨论被一个类似蒙太奇的概念（以自治的部分和片段作为前提）所替代。这里采用电影的类比是很自然的，因为电影首先引入了不连续性：它是一个由片段组成的世界，每个片段都保有独立性，并因此可以进行多种组合。在电影中，每一帧（或者每一个图像）都被置于连续的运动中。快速更迭的照片构成了运动，进而形成了电影图像。

拉维莱特公园可以被理解为一系列电影图像，其中每一个图像都基于一套准确的，建构性、空间性或功能性的转换。电影图像的连续和叠加是蒙太奇的两个方面。蒙太奇作为一种技术还包括其他手段，例如重复、反转、替代以及置入。这些手段反映了一种断裂的艺术，在这里创新来自对比，甚至是对立。

解构

拉维莱特公园到底是一种建成的理论，还是一个理论性的建筑？建筑实践的实用主义能否与概念的严谨分析共存？

之前在《曼哈顿手稿》中发表的一系列项目，致力于通过理论争论实现对传统建筑类别的置换。拉维莱特公园是类似方法的实践，驱动它的是“从理论数学到应用数学”的愿望。在这个案例中，现实的限制条件对我们的研究来说既是扩展也是约束。扩展是由于实际操作中的经济、政治以及技术限制要求我们去不断完善理论讨论：困难越多，项目也越完善。约束是因为拉维莱特公园需要被建成：我们的目标不再仅仅是出版物或者展览，每一张图的终点都是建造：除了《空盒子》（*La Case Vide*）一书收录的图纸，拉维莱特公园项目没有其他的理论性图纸。

然而，拉维莱特公园有一个具体的目标——去证明创造一种复杂建筑组织方式的可能性，而这种组织方式不需要依靠构图、等级或者秩序等传统规则。我们拒绝了绝大多数大尺度项目采用的对于客观限制的累加与整合，而是提出了将三个自治的系统（点、线、面）进行叠加的原则。如果建筑在历史上一直被定义为对造价、结构、功能以及形式限制（美观、坚固、适用）的“和谐整合”，那么拉维莱特公园作为一种解构，实际上反对了建筑本身。

我们的目标是将存在于功能策划和建筑之间的传统对立进行置换，并通过叠加、排列以及替换等操作去扩展对于其他建筑传统的质疑，以实现如雅克·德里达在《哲学的边界》（*Marges de la philosophie*）中所提到的“对经典对立的反转以及对系统的整体替代”。

最为重要的是，拉维莱特公园项目挑战了形式与功能、结构与经济，或者形式与功能策划之间的因果关系论，并利用“连续性”和“叠加”等新概念来替换这些对立。“解构”一个给定的功能策划，意味着功能策划可以挑战其自身隐含的意识形态。解构建筑则意味着利用从建筑以及其他领域（电影、文学批评等）获得的概念来摧毁建筑的传统。在过去的二十年中，不同思想领域之间的界限逐渐消失了，其中也包括建筑，它现在与电影、哲学以及精神分析等领域（这里列出的只是一部分）联系密切，它们之间的互文关系颠覆了现代主义所追求的学科自治。但最为重要的是，解构原则消弭了长期存在于建筑及其理论之间的历史性断层。

当拉维莱特公园的各个系统被叠加在场地上，它们之间的相互否定并非偶然。我早期的绝大部分理论工作都质疑了结构的概念，这和当代对于文学文本的研究类似。拉维莱特公园的目标之一就是通过点阵、坐标轴（有顶画廊）以及“随机曲线”（电影式漫步道）各自的形式，去推进对于结构概念的探索。将这些自治且具有完整逻辑的结构叠加，意味着去质疑它们作为秩序机器的概念身份：将三个各自内在一致的结构叠加所产生的绝不是一个超一致的超级结构，而是一种难以确定的、与完整性相对立的状态。对于这一手段的探索始于1976年的《曼哈顿手稿》，其中不仅包括抽象元素和比喻性元素（基于“抽象”的建构性变换，以及对所选场地的“比喻性”的提炼）的重叠，还涉及对功能策划、场景以及序列等方面更为广泛的探索。

因此，三种叠加结构的独立性使拉维莱特公园免于沦为一个均质的整体。它消除了在功能策划、建筑以及意义之间预设的因果关系。此外，这个项目拒绝了文脉，鼓励了互文以及意义的铺陈。它与周围的环境不产生联系，其平面颠覆了“文脉”所依赖的边界的概念，因此它是反文脉的。

无理 / 无意义

拉维莱特公园鼓励冲突、片段化、疯狂与游戏，而反对整合、统一、小心的经营。它颠覆了一系列现代主义认为不可侵犯的概念，从这一点看，拉维莱特公园可被视为后现代主义的一个具体展现。但是这个项目质疑了一个关于建筑的特殊前提，即建筑对于存在、结构的内在意义，以及具有象征意义的形式的痴迷。近期，由于建筑师开始重提意义、符号、代码以及“双重代码”，这种痴迷获得了复兴——这一运动让我们想到历史中反复出现过的“怀旧主义”以及“象征主义”。对于后现代主义，建筑领域与其他领域有着截然不同的解读。在其他领域，后现代主义包含了对意义的攻击，或者更确切地说，对一个被准确定义的、能够赋予作品真实性的所指的拒绝。例如，质疑人文主义风格观的批评的重要目标之一便是分解意义，指出它其实是社会的产物而并非纯粹透明的。然而，建筑领域的后现代主义反对了现代主义建筑的风格，并提供了另一种更容易让人接受的风格。它怀念着对连贯性的追求，完全忽视了当今存在于社会、政治以及文化等方面的分裂，成为当前建筑领域极端保守的氛围的真实写照。

与此相反的是，拉维莱特公园尝试了意义的错位和解放，拒绝将建筑符号视为人文主义的避难所。因为在今天，“公园”这个词汇（像“建筑”“科学”“文学”一样）已经失去了普世意义；它不再意味着一个固定的绝对概念，或者一个理想的状态。拉维莱特既不是“封闭的花园”[3]，也不是对自然的复制，它处于不断的生产和持续的变化中；它的意义不是固定的，而是不断被延展、改变，并被它所刻画的多重性渲染得彷徨不定。这个项目致力于扰乱记忆和文脉，它反对了众多文脉主义者和延续主义者的理想，即建筑师必须参照某种原型、原点或者确定所指来进行工作。事实上，拉维莱特公园内的建筑拒绝表达任何既有内容，无论这种内容是主观的、形式的，还是功能性的。就像它没有回应关于自我（自主的或者作为“创造者”的建筑师）的需求一样，拉维莱特公园也拒绝了形式

3 译者注：原文为 hortus conclusus，拉丁语。

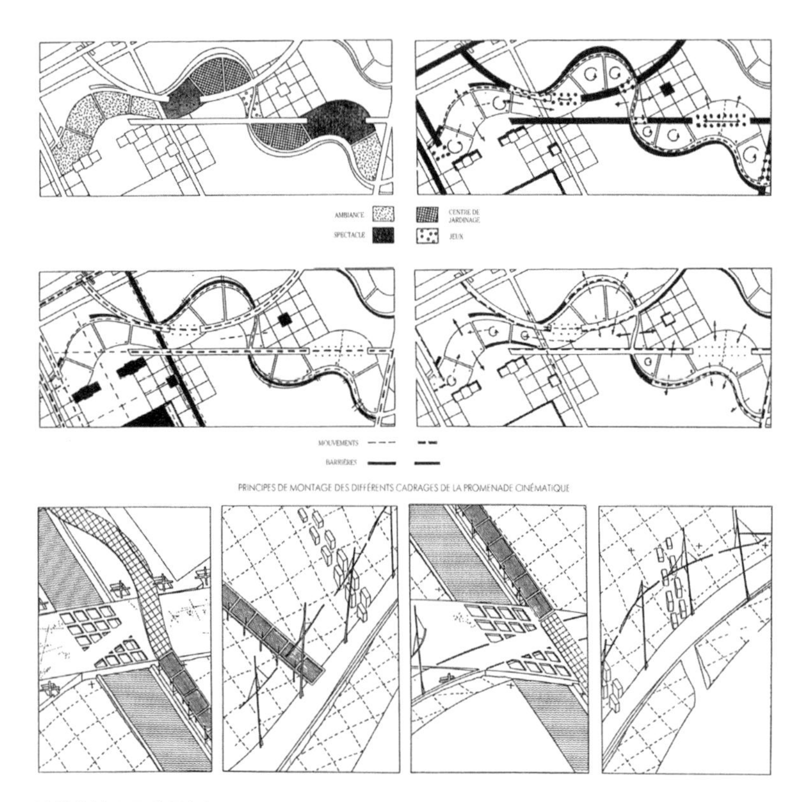

拉维莱特公园的叠加操作

的内在辩证，因为在这里形式已经被替换为对元素的叠加和变换，它们超越了任何既定的形式配置。存在和闭合都被延迟了，因为每一个形式的排列组合都会改变上一步的图像。最为重要的是，拉维莱特公园质疑了建筑最为根本和重要的所指——（正如德里达在《空盒子》一书中所指出的）以功能用途为导向、追求意义的“服务、服从”的倾向。拉维莱特公园提倡不稳定的功能策划，一种功能性的“疯狂”。它不是一个丰满的形式，而是“空洞”的形式：这些盒子是空的[4]。

于是，拉维莱特公园旨在创造一种不具有任何意义的建筑，一种关于能指而非所指（仅仅是语言或者游戏的痕迹）的建筑。依照尼采的观点，拉维莱特旨在创造可被解读的无限，因为对确定性的拒绝并非全无影响——它制造了多重语义。公园中三个叠加的自治系统以及“疯狂结构”无止境的组合可能，造就了印象的多样性。每个观察者都可以提出自己的解读，而这些理解又可以（依据心理分析、社会学以及其他的方式）被进一步解读。于是，关于这个项目并不存在绝对的真相，因为它可能具有的任何意义都与解读有关：意义既不存在于建筑实体，也不存在于建筑实体的材料之中。所以，就像点系统的真相并非线系统的真相一样，红色“疯狂结构”[5]的真相并非构成主义的真相。原本各自保持内在一致的系统在叠加后将不再一致。过量的理性将不再理性。拉维莱特公园关注的是一种新的社会和历史环境：一个松散而充满差异的现实已经为乌托邦式的统一画上了句号。

4 译者注：原文为 les cases sont vides，法语。

5 在拉维莱特公园中，屈米将网格焦点处的红色构筑物称为“folie”。这里利用了“folie”一词的双重含义：一方面它指法式或英式花园中以装饰、象征为主要目的的构筑物；另一方面它也意味着“疯狂”，寓意某种挑战公园设计传统的全新结构。

功能策划和距离化

在拉维莱特公园（或者说在其他地方也一样），建筑与功能策划之间，或者建筑与意义之间已经不存在任何可能的关系。围绕拉维莱特公园的讨论已经表明，建筑自身与其执行的功能策划之间需要保持一定的距离。这与之前行为艺术中演员和角色之间的无身份原则所产生的距离效果相似。类似地，我们可以说，在建筑与功能策划之间不应该存在可识别性：一个银行不应该像一个银行，一个歌剧院不应该像一个歌剧院，一个公园也不应该像一个公园。这种距离可以通过对于功能策划的慎重修改，或者通过使用某些调解的媒介来实现——这样的媒介是一个抽象的参数，在建成的现实和使用者的要求之间拉开距离（在拉维莱特公园中，这一媒介就是构成“疯狂结构”的网格）。

然而，功能策划的概念越来越重要。无论如何，功能策划都不应该被摒弃（而留下一个“纯粹”的建筑），或者仅仅在一个“纯粹建构演绎”过程的结尾被重新置入。功能策划在建筑中的角色就好像叙事在其他领域中的角色：它可以，而且必须被建筑师重新解读、重新书写，或者解构。在这一意义上，拉维莱特公园扰乱了叙事以及功能策划：功能性的内容被精心设计的扭曲或者中断所填充，它们创造了城市的片段，其中的每一个图像、每一个事件都展示了各自的概念。

当然，还有其他探索建筑与功能策划之间的困难关系的方法。以下就是对这一研究的一些提示：

交叉策划[6]：在一个特定的空间配置中使用一个并非为它设定的功能策划，例如在教堂中打保龄球；或者类似于类型的异位——在监狱中的市政厅，在停车楼中的博物馆。参考：变装。

6 译者注：原文为 crossprogramming。

跨策划[7]：将两种功能策划组合，不考虑它们的不兼容或者各自独立的空间需求。参考：天文馆 + 过山车。

反策划[8]：将两种功能策划结合，使功能策划 *A* 的空间配置污染功能策划 *B* 及其可能的配置。功能策划 *A* 所包含的内在矛盾可能导致新的功能策划 *B* 产生，而 *B* 所要求的空间配置也可能被应用于 *A*。

7 译者注：原文为 transprogramming。

8 译者注：原文为 disprogramming。

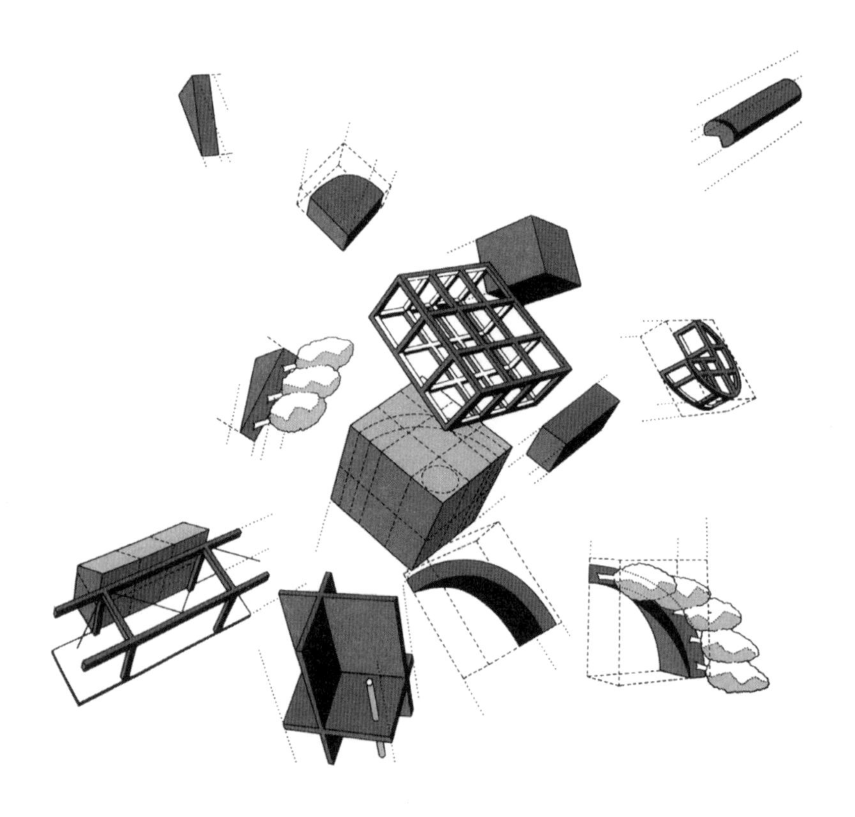

伯纳德·屈米，爆炸的“疯狂结构”，1984

分离

1. 分离与文化

现代主义时代留给我们建筑师参照的范式是形式的给予者，秩序性和象征性结构的创造者。而这些结构的特质一方面来自其各个组成部分的统一，另一方面也来自它们所表现的从形式到意义的透明性。（这里提到“现代主义时代”，而非“现代主义者”的建筑，是为了指出这种统一观点的产生远远早于我们最近的历史。）一系列著名的联系阐述了这些状态：形式与功能、功能策划与文脉、结构与意义的融合。在它们背后是对于统一的、有中心的以及能自我生成的主体的信念，而这一主体的自治是通过其形式的自治性来体现的。然而，从某种角度看，这一强调整合与和谐、推崇元素构成以及将潜在的分离部分无缝接合的古老实践，正在脱离其外在的文化以及当代的文化环境。

2. 解构

当前文化所展现的特点包括混乱、分离、片段化以及离散，这意味着我们有必要抛弃对于意义和文脉性历史的现有分类。于是，似乎有必要抛弃一切关于后现代主义建筑的讨论，转而提出一种“后人文主义”的建筑，因为后者所强调的不只是主体与社会制度力量的扩散，还包括对于统一连续的建筑形式的偏离。同样值得我们思考的，不是形式构成的原则，更是对于结构的质疑：质疑对象包括秩序、技术，以及一切建筑工作所包含的过程。

这样的工作和形式主义毫无关系，因为它强调了符号的历史性动机，强调了形式的不确定性以及在文化上的脆弱，而并未将形式视作历史的核心。只有通过这样的工作，才能够对抗当前存在于能指与所指之间，或者存在于建筑讨论中空间与动作、形式与功能之间的巨大裂痕。如今存在于这些领域之间的巨大分离，提示我们去关注功能主义理论的消失，以及建筑自身所包含的种种常规。

3. 秩序

任何理论工作被“置换” 到现实中时，都依然可以保留其在整体系统或者开放思想系统中的角色。理论作品《曼哈顿手稿》与之后建成的拉维莱特公园，都质疑了统一的概念。在我们的设想中，这两个项目都没有起点，也没有终点。它们由重复、扭曲、叠加等操作组成。虽然它们都有着各自内在的逻辑（而并非毫无目的的多元化），但是这些操作不能被简单描述为内在的或者序列性的变换。秩序的概念反复地被质疑、挑战，被推向边界。

4. 分离的策略

虽然分离并不应被视为一个建筑概念，但是它能够通过指导项目的分离逻辑，而对基地、建筑甚至功能策划产生巨大的影响。如果我们需要超越词典中的含义去定义分离，那么就必须强调界限、中断的概念。《曼哈顿手稿》和拉维莱特公园分别采用了分离策略下的不同元素。这种策略系统性地探索了一个或多个主题：例如《曼哈顿手稿》中的“帧”与“序列”，以及拉维莱特公园中的叠加和重复。这样的探索不是抽象的、凭空的：它们基于建筑学科的规则，同时也考虑诸如文学、哲学甚至电影等其他领域的理论。

5. 界限

在乔伊斯、巴塔耶以及阿尔托（Antonin Artaud）的实践中，界限的概念是清晰可见的，他们的工作都处于哲学与非哲学、文学与非文学的边界上。当前对于雅克 · 德里达解构主义的关注也代表着对于界限话题的兴趣：以最为严格和内在化的方式去分析这些概念，同时也从外向内去分析这些概念，以便去质疑这些概念和它们的历史所隐藏的内容，例如压迫和掩饰。这些案例提示我们去思考建筑的界限。它们（对我）起到了提醒的作用：我的快乐并不来自欣赏建筑，无论是那些历史的还是当代的经典，恰恰相反，我的快乐来自对它们的拆解。改述奥森 · 威尔士（Orsen Wells）的话："我不爱建筑，我爱的是创造建筑。"

6. 标记

在《曼哈顿手稿》中针对标记所做的工作是为了尝试解构建筑的组成部分。其中采用的不同标记方式，是为了去理解那些通常被排除在建筑理论之外的东西。事实上，它们对建筑边界或者极限的研究必不可少。虽然没有任何标记方式（无论是数学的还是逻辑的）可以完整地记录建筑现象的复杂性，但建筑标记的发展与建筑及其文化概念的复兴密切相关。一旦传统的建筑组成部分被拆解了，下一步必然是对它们的重组。最为重要的是，对于历史以及现代经典的越界，不能退回到形式的经验主义。于是，分离性的策略被应用于《曼哈顿手稿》以及拉维莱特公园，在这两个项目中事实之间不再产生联系，冲突的关系被精心地保留，整合或者统一性则被拒绝。这一项目永远不会“实现”，其中的边界也永远保持模糊状态。

7. 分离与先锋派

正如德里达所指出的，建筑以及哲学的概念不会在一夜之间消失。虽然“认识论的断裂”只是一度流行，但断裂始终存在于那些经常被分解和异位的陈旧组织之中，而正是这些断裂将我们带向新的概念以及结构。在建筑中，这样的分离意味着，建筑的组成部分在任何时候都不能成为一种整合体或者自给自足的整体；一个部分联系着另一部分，每一个构筑物都是不平衡的，总是包含着其他构筑物的痕迹。它也可以由一次事件，或者一个功能策划的痕迹所构成。它能够引导出新的概念，事实上，我们的目标之一正是去理解城市和建筑的新概念。

如果我们说某个建筑或者某种建筑方法是具有“分离性的”，那么它们可能包含以下共性：

* 拒绝“整合”的概念，而支持离散的理念和分离性的分析。
* 拒绝用途与建筑形式的传统对立，而支持两个方面的叠加或者并置，而这两个方面可以独立地、类似地服从于相同的建筑分析方式。
* 在方法上强调分裂、叠加以及组合，以激发动态的力量使其扩展到整个建筑系统，扩展建筑的界限，并提出建筑的新定义。

分离的概念与静止的、自治的、结构性的建筑观不相容，但它并非反对自治性或者反结构化，只是提倡一种持续的、机械性的操作，它能够系统性地制造空间与时间之间的分裂。在这种状态下，建筑元素只有通过与功能性元素、身体的运动等相结合才能够发挥作用。由此，分离成为创作建筑的一种系统性和理论性工具。

伯纳德·屈米，关西国际机场方案，物影照片，1989

解-，反-，外-

今天的城市没有可见的界限。在美国，城市的界限从未存在过。然而在欧洲，“城市”的概念曾经意味着一个闭合而明确的实体。古老的城市都有城墙和城门，虽然它们已经很久不被使用。那么，是否存在能够取代过去城门的新城门？那些设置在机场、检查乘客是否携带武器的电子门是否就是城市新的城门？电子设备——或者更为概括地说，技术——是否取代了过去那些曾经被守卫的边界？

围绕城市的城墙已经消失了；与此同时，尽管政治家以及规划师依旧设定了各种限制，尽管地理性或者行政性的边界依然存在，那些区分城市内外的规则也消失了。在《批判性的空间》（*L'espace critique*）中，保罗·维利里奥（Paul Virilio）提出了对于任何关注城市社会创造的人而言都极具挑战的理论：城市被解除管制了。随着城市的很大一部分不再属于可见的范畴，这种城市管制的解除变得更为明显。曾经的城市设计已经被不可见系统的组合所取代。建筑师为什么还需要去讨论纪念碑？纪念碑已经不再可见。它们已经变得不成比例，要么因为太大（布满整个真实的世界）而不可见，要么因为太小（类似电脑芯片的尺度）而不可见。

请记住：建筑最初是关于尺度和比例的艺术。它曾经使我们的文明能够去测量时间和空间。然而，速度以及图像的电子传播已经改变了建筑古老的角色。速度通过压缩空间延展了时间；它否定了所谓的“物质维度”。

当然，物质的环境依旧存在，然而正如维利里奥所指出的，永恒的外表（由钢、混凝土、玻璃等组成的建筑实体）一直被抽象系统的非物质性再现（例如电视与电子监控等）所挑战。建筑始终在被重新解读。今天的建筑再不具有恒定的意义。教堂变成了电影院，银行变成了雅皮士的餐厅，帽子工厂变成了艺术家工作室，地铁隧道变成了夜总会，甚至有的时候夜总会变成了教堂。功能和形式之间所谓的因果关系（“形式追随功能”）已经被完全抛弃，因为在今天，“功能”已经变得和杂志以及大众媒体中的图像一样转瞬即逝，而建筑似乎变成了一种时尚的物件。

建筑思想家们曾经呼吁用历史、记忆以及传统来拯救建筑，而今天这些概念已经变成了伪装的模式、虚假的规范，无非只是在逃避关于瞬时性以及暂时性的问题。

哲学家让 - 弗朗索瓦 · 利奥塔（Jean-François Lyotard）在讨论现代性的宏大叙事的危机（“进步”“人性的解放”等）时，仅仅预言了关于叙事、争论以及再现方式的危机。而事实上，关于这些伟大叙事（或者连贯整体）的危机，也是界限的危机。就像当代城市一样，能够划定连贯、均质整体的边界已经不再存在。恰恰相反，我们居住在一个分裂的空间中，它由各种“意外事件”组成，其中的物体都被解体。如今，我们的认知方式从数个世纪以来对“稳定图像的外表”（“对称”“平衡”“和谐”）的依赖中解脱出来，开始偏好不稳定图像的消解：从电影（每秒 24 张图像）到电视，再到电脑制造的图像，直到最近（被一些建筑师所关注）的分离、异位、解构。维利里奥指出，作为时间参照因子的距离感的崩塌，摧毁了永恒，也在事实上扰乱了现实。从航空公司的解除管制，到华尔街的解除管制，最后到外观的解除管制，它们都遵循同一个不可逆的逻辑，预示着将会出现一些意料之外的结果，以及对长期被推崇的符号的有趣扭曲。城市及其建筑失去了如纪念碑、轴线或者拟人化的对称等象征符号，剩下的只有片段、分裂、原子化，以及对于除了对立之外彼此毫无关系的图像的随机叠加。一些建筑吸收提炼了“爆炸”的概念，这并不稀奇：一些建筑师在图纸上运用这一概念，他们的楼层平面图、梁以及墙看起来都像在外太空的黑暗中炸裂开来；还有一些建筑师甚至成功地修建了这样的“爆炸”以及其他的意外事件（当然，由于客户的需要，他们还是象征性地为“爆炸”赋予了克制的外表）。

因此，我们再次提出建筑与电影的类比：一方面是移动的吊车以及高速公路；另一方面则是从电影中借来的蒙太奇技巧——分帧、序列、慢转换、渐进渐出、跳跃剪辑，以及其他。

我们应该记得，科学最初是关于物质、关于基础的，例如地理、生理学、物理，以及重力。建筑所关注的内容属于它的一部分，它的焦点集中于坚固、结构以及秩序。这些关注点在 20 世纪开始瓦解。正如我们所知，相对论、量子理论以及测不准原理等变革不仅在物理学领域发生，也出现在哲学、社会科学以及经济学领域中。

建筑如何能够保持一定程度的坚固性和确定性？这在今天看来似乎是不可能的，除非我们将那些“意外事件”或者“爆炸”建筑看作新的规则和约束，并以一种哲学性的反转眼光，将意外视为常态，将连续视为例外。

于是，确定性不再存在，连续性也不再存在。我们已经了解能量以及物质都由不连续的点——刺点[1]或者量子组成。那么，唯一能够被确定的是否就是这些“点”？

决定论、因果关系以及连续性的危机彻底挑战了近代的建筑思想。这里请允许我简要回顾一下建筑“意义”的历史［当然我不会讨论费尔迪南·德·索绪尔（Ferdinand de Saussure）或者埃米尔·本维尼斯特（Emile Benveniste）等人思想的细节］。民族学家告诉我们，从传统的象征关系

1 译者注：原文为 punctum。罗兰·巴特在《明室》（*La Chamber Chaire*）一书中所提到了有关“punctum”的理论，指画面中能够震撼人心或能使人不自觉地反思的能指的局部。

来看，事物都包含着意义。通常情况下，象征的价值与实用的价值不同。包豪斯学派尝试去调和象征性与实用性，并将它们整合为一种新的关于能指和所指的功能性合奏（一种伟大的整合）。此外，包豪斯派还尝试去创建一种“环境的普世语义化，其中的一切都成为功能和意义的客体”[2]。这种实用性，这种功能和形式的整合，尝试将整个世界转变成为一个均质的能指，将它客体化为一种指代的元素：每一个形式，每一个能指，都对应着一个客观的所指，对应着一种功能。由于这一做法将焦点集中于外延，因此它也消除了内涵。

当然，这种主流的理性主义观点必然会遭受攻击。在当时，攻击来自超现实主义者，他们往往以功能主义的伦理为主要武器：一种反证[3]。事实上，对于超现实主义者而言，一些固定的近乎功能主义的期待是有必要的，因为它们只有通过冲突才能被扰乱：像“雨伞与缝纫机在手术台上的偶然相遇”这样的超现实的场景，只有当其中的各个物体都各自代表准确和明确功能的时候，才具有意义。

这种被越界的功能主义秩序重新引入了象征性的秩序，虽然这一秩序现在被扭曲成了一种诗意的幻想。它将物体从功能中解放出来，并通过消除存在于主体和客体之间的间隙，鼓励了自由的联系。但是这样的越界通常只能作用于独立的物体，而我们所处的世界正在成为一个越发由复杂和抽象的系统组成的环境。随后数年间出现的抽象实践，无论是表现主义的还是几何形式的，都可以在建筑领域找到类比。不断被重复的摩天大楼网格象征着一种新的意义零点：完美的功能主义。

时尚扰乱了这一切。它始终涉及引申意义的话题：与不稳定且没有固定图像的时尚相比，稳定且具有外延意义的功能主义显得奇怪且充满限制。

---

2 出自让 · 鲍德里亚。

3 译者注：原文为 a contrario，拉丁语。

20 世纪 70 年代，在引申意义的吸引，以及对那些消失已久的传统形式的憧憬的共同作用下，建筑后现代主义代尝试去结合（引用查尔斯·詹克斯的话）“现代的技术以及传统的形式，以便能够同时与大众和精英交流”（所谓的“双重编码”）。当然，最为重要的是能够传递信息、作为某种所指的编码（例如讽刺、滑稽模仿、折衷主义）。建筑后现代主义完全回应了主流历史为建筑赋予的使命，即将某种特定意义赋予遮蔽物。

十年之后，这一幻觉已经开始消失。由涂漆合成板制作的多立克柱已经开始弯曲脱落。这种存在于能指与所指、形式与功能、形式与意义之间的不稳定性和瞬时性，再一次证实了雅克 · 拉康在数十年前就指出的：在能指和所指之间，在文字及其所要表达的概念之间，并不存在因果关系。所指并不需要依靠某些假设性的指代而存在。和文学以及精神分析一样，建筑中的能指也无法代表所指。多立克柱式和霓虹灯山墙都可以引发众多的解读，但其中的任何一个都无法被证实。在建筑符号及其可能的解读之间，不存在任何因果关系。在能指和所指之间存在着一道屏障：实际的使用。假设某个建筑曾经是一个消防局，而后成为一个家具仓库，甚至一个交谊舞厅，而现在它是一个报告厅——在每一次转换中，使用同时扭曲了能指和所指。那些语言学的符号不仅是主观武断的（正如德 · 索绪尔很早以前就指出过的那样），对于它们的解读也始终面临质疑。每一个解读都可以成为被解读的对象，新产生的解读又可以再一次被解读，直到所有的解读将之前的解读消除。在今天，形式与功能、能指和所指之间的常态规则以及因果关系都不再存在，建筑的主流历史（即关于能指的历史）需要被改写：唯一存在的是对意义的管制的解除。

建筑的解除管制很早就开始了：在 19 世纪末伦敦和巴黎的世界博览会上，轻质的金属结构彻底地改变了建筑厚重的外观。突然之间，建筑变成了仅仅需要支撑玻璃的脚手架，它否认了以石材砌筑为代表的“实体”。随着工业化的建造逻辑逐步普及，人体的尺度不再受到关注。从古典主义和人文主义时代流传下来的人体比例，迅速被网格或模数系统所取代。对光线和材料的叠加变得越来越非物质化，成为另一种形式的解构。

到了20世纪70年代中期，那些怀旧并且向往建筑意义和传统的建筑师，用石膏板以及合成板包裹这些脚手架。然而，和我们所处时代新的“脚手架”——即时性的媒介图像相比，他们想要表达的图像是那样的脆弱。

“去表达建造还是去建造表达”（维利里奥语）是我们所处时代的新问题。又如爱因斯坦所说：“不存在科学的真理，只存在暂时的表达，以及不断加速的表达序列。”事实上，我们被强迫重新思考赋形和表达的概念：持续的大规模图像流（无论是图纸、图表、摄影、电影、电视还是电脑制图）使得任何试图恢复现实及其表达的尝试都越发徒劳无功。“双重编码”的概念通过在交流与传统之间建立一种新的关系，成为保留部分文艺复兴理想的最后的徒劳尝试。正是“传统”这个词汇，误导了70年代后期的建筑领域，并造成了后现代主义建筑的一些问题——在我看来，它们势必会成为一段短命历史的化身：无论是否包含着讽刺、寓言以及模仿，它们其实只是建筑历史中反复出现的文脉折衷主义的一种形式。

无论如何，问题的核心与图像无关：无论那些山墙或者古典柱式看起来多么愚蠢，任何人都有消费它们的自由。但是，如果认为这些图像能够通过超越现代主义，为建筑和城市创造新的规则和规范，就完全不合时宜了。

规则或者管制已经不再存在。在当前欧美城市，即使始终有人渴望类似的管制，但去工业化和功能分区策略的崩溃造成的城市管制解除，使得任何新的管制力量都无法形成。1987年华尔街的“崩溃”，以及在此之前经济领域监管的放松，是正在发生的重要改变的又一个例子。让我再次回到维利里奥的论点：在中世纪，社会是自我管制、自动管制的。管制发生在社会中心，城市的领主是管制的实施者；于是，无论在规则和日常生活之间，还是在石材重量和房屋建造方式之间，都存在着直接的因果关系。

在工业时代，社会被人为地监管。经济以及工业力量通过建立一个贯穿全社会的连续结构而取得了控制权：控制在社会的极限和边缘被定义。规则和日常生活之间的关系不再清晰，于是庞大的官僚和管理体系掌握了权力。监管不再发生在社会的中心，而是边缘。抽象的建筑将网格用于国际主义风格，却最终发现我们也同样可以用异域主义风格来装饰相同的建筑，而与其中发生了什么无关。功能、形式和意义之间不再存在任何关系。

今天，我们进入了管制解除的时代，控制发生在社会之外，就像那些以自治的形式无休止地相互依存衍生的电脑软件一样，这让我们回想起米歇尔 · 福柯所描述的语言的自治。我们见证了人与语言的分离，以及主体的去中心化。或者，我们甚至可以称之为“社会的彻底去中心化”。

偏离中心、分解、异位、分离、解构、拆解、脱离、间断、解除监管……这些词中的“解 -”“反 -”“外 -”，而非“后 -”“新 -”“前 -”，才是我们这个时代的前缀。

“疯狂结构”P6，拉维莱特公园，法国巴黎，1985

六个概念

在 1991 年 1 月发表于《纽约时报》的一篇文章中，著名建筑评论家和历史学家文森特 · 斯凯利（Vincent Scully）指出：“当前建筑领域最为重要的运动，是乡土建筑和古典传统的复兴，以及将它们与现代主义建筑主流中最为重要的部分——社区的结构、城镇的建设相融合。”斯凯利教授的论述值得我们重视，尤其是他还在同一篇文章中宣称，建筑领域的其他部分正处在“一个极度愚蠢的毁灭并且自我毁灭的时刻”。

在这里我想要简要探讨的内容，由那些不愿意延续乡土建筑或者古典主义复兴的建筑师提出，而他们现在被指责为“极度愚蠢”。我想要重新审视一些主导当下建筑以及城市设计的概念。需要指出的是，我们所处的时代已经不再能够被轻易地重新局限于一个虚构而舒适的 18 世纪村庄。

如果要概括当下我们所处时代的状态，我们可以称之为“模拟之后”或者“后媒体化”。当一切都已经被复制、表达、反复表达，我们还能做些什么？为了更准确地描述这一状态，请允许我简要概述一下最近的建筑历史。

建筑后现代主义蓬勃发展的时期，正是现代主义的抽象被全面反对的时期。称其为抽象是因为现代主义的玻璃盒子是“无意象的”，就像抽象绘画一样冰冷。称其为抽象也是由于现代主义建筑师的精英化使他们从日常生活、普通大众以及社区生活中脱离、“抽象”出来。当城市的分区规划，或者高速公路以及高层公寓的建造（让我们再一次引用斯凯利的话）“摧毁了邻里的肌理”时，这些大众社区又因无法参与而无能为力。巴西利卡以及昌迪加尔到底是美丽的还是丑陋的，是造福社会的还是反社会的，是顺应历史的还是有悖于历史的？

从 20 世纪 60 年代中期开始，现代性被视为抽象的削减者而遭到质疑。这些质疑除了通过学术文章展现，还体现在那些针对以进步为名义拆除社区或地标建筑的有组织的最初抗议中，例如纽约的宾夕法尼亚车站，以及巴黎的雷阿勒区。对建筑师而言，由纽约现代艺术博物馆在 1966 年发行的罗伯特 · 文丘里所著的《建筑的复杂性与矛盾性》，引发了对于建筑核心和价值广泛的重新评估：它指出建筑学不仅仅是对乌托邦理想的空灵、抽象的构想。书中包含了从波罗米尼的作品到“高速路与已有建筑的并置”等众多案例。文丘里的文字以对“流行艺术的生动经验”的赞美结束，因为流行艺术所包含的尺度及文脉对比“应该使建筑师从他们对纯粹秩序的痴心妄想中醒来”。

几乎是在同时，一个新的知识领域发展起来，对于那些试图为所谓“零度的现代性”恢复意义的建筑师以及批评家而言，它成了一个强大的工具：符号学和语言学侵入了建筑领域。虽然诺姆 · 乔姆斯基、安伯托 · 艾柯以及罗兰 · 巴特等人的作品经常被误读，但他们提出了关于编码的新的建筑策略，使得普通大众以及学者都能够从看似中性的遮蔽物中解读出多重意义。虽然早在 1968 年，巴特就已经在其为数不多的关于城市和建筑的探索文章之一中指出“不可能存在固定的意义”，后现代主义建筑师以及批评家依旧发展了一种“能指建筑”的概念，他们坚信建筑的立面可以传达多种典故、铭文以及历史先例。

类似这种引用的操作具有一个特点，它们都参考了建筑文化中非常狭义的部分：首先，它们仅仅关注了建筑的外表，即表皮或者图像，而完全没有考虑建筑的结构或者使用；其次，它们采用了一系列十分局限的图像，例如罗马宫殿、别墅，英国乡土建筑，或者象征着田园梦的保守派中产阶级住宅，它们所体现的均质品味与巴特以及文丘里所提出的异质性理论完全对立。有必要顺便提到的是，那些试图提出新的形式主义语汇的人也经常这样做。讨论主要集中于图像和表皮，结构和功能很少被提及。我们社会中的工业文化以及都市文化完全都被忽略了，我们也很少见到对都市、工厂、发电站以及其他在过去一个多世纪里参与了文化创造的机械工程的引用。相反，我们反复看到的始终是前工业社会的图像：它早于机场，早于超市，早于电脑，早于原子弹。

当然，开发商和施工方都轻易相信了这些“古典”建筑师，就像他们也深信保护主义者一样：一个怀旧的、舒适的、安全的[1]世界会是一个更好的世界，如此一来也能售出更多的地产。虽然最近人们开始对当代建筑的新形式产生兴趣，但对前工业时代世外桃源的憧憬依然构成了建筑领域和政治意识形态的主流。复兴主义者中更为理想主义的那一部分人宣称，在经历了数百年工业、技术以及社会发展的 20 世纪末，我们依旧有可能回到之前的生活方式，无视汽车、电脑以及核能时代，无视在这一过程中已经发生的社会和历史转变。这些思想家们宣称在度假村模型基础上发展的田园“小镇”，可以凭借它们的建筑创造理想的社区，这些社区内的社会价值和相互尊重可以取代差异、冲突以及城市立交。这类合作社委员会以及政客喜爱的社区梦想，由居民平均每四年就会搬一次家的纽约市提出，实在是讽刺。这是一种幻想症，它认为我们的祖先所居住的（也是我们从未了解的）小镇，能够成为未来的典范。

但是，现代与古典或者乡土图景的对比，坡屋顶与平屋顶的对比，真的是问题的核心吗？当然不是。我想要指出的是，我们所处时代的环境同时影响着历史主义者以及现代主义者。

1 译者注：原文为 geborgenheit，德语。

第一部分

曼哈顿两座大楼的建造过程一直令我惊叹。它们建造的时间几乎相同，基地彼此相邻，都位于麦迪逊大道。这两栋摩天大楼，一栋是为 IBM 设计的，另一栋则是为 AT&T 设计的，它们的钢结构、功能，以及办公区平面布局几乎完全相同，它们的表皮也都通过同样的抓点式幕墙技术被悬挂到结构上。不过它们的相似点到此为止。IBM 大楼被光滑的抛光大理石和玻璃幕墙包裹，到处可见抽象和极简的细部；与之相反，AT&T 大楼则稍微精致一些，它采用了粉色花岗岩切割板，看起来像是罗马和哥特时期的石砌建筑。IBM 大楼有一个平屋顶，而 AT&T 大楼则有一个山墙。一直到最近，IBM 大楼都被认为是过时的现代主义的象征，而 AT&T 大楼则成为了新历史主义的后现代主义的重要宣言，并引领了 20 世纪 80 年代企业办公大楼的风格。两座大楼在内容、体量，以及用途上几乎完全相同。在不到十年之后，同样的情况又出现在纽约时代广场，不过这次所谓解构主义的表皮取代了后现代主义表皮。类似的案例还出现在长岛的东汉普顿，在这个地方，罗伯特 · 斯特恩（Robert A. M. Stern）以及查尔斯 · 格瓦斯梅（Charles Gwathmey）经常为相同的功能策划进行设计，有时甚至为相同的客户服务。他们都制造了时尚的图像，虽然前者被视为历史主义者，后者则被视为现代主义者。

针对表皮的工作同样出现在建筑修复中，例如在纽约的比特摩酒店（Biltmore Hotel），1913 年建成的砖墙面在七十五年之后被看上去更具商业气息的幕墙所取代。而几乎在同时，哥伦比亚大学东校区学生宿舍的白色瓷砖墙面则被仿 1913 年的砖立面所取代。这一情况已经成为我们这个时代的背景之一，而与价值评判无关。当然有必要指出的是，哥伦比亚大学的行政机构和董事会为了如何处理这个宿舍深感苦恼，因为当时一方面没有办法去修补或者替代正在掉落的瓷砖，而如果重新修建一个宿舍则可能花费七千万美元。没有人对学校做出的替换外表皮的决定感到开心，但如果非要从中找到些慰藉的话，我们可以认为，那些脱落的表皮反映了我们所处时代的境况，而非劣质建造的结果。

正如斯图尔特 · 埃文（Stuart Ewen）在他关于风格政治学的新书《所有消费性影像》（*All Consuming Image*）中所述，“肤浅的胜利”并不是什么新现象，但建筑师还没能认识到表皮与结构分离的后果。直到 19 世纪，建筑依然使用承重墙作为支撑结构。虽然对墙表面使用各种风格装饰的做法很常见，但这些墙始终承担着重要的结构功能。在通常情况下，墙表面所使用的图像类型与墙的结构之间存在着某种联系。到了 19 世纪 30 年代，图像、结构以及建造方式之间的联系已经不复存在。新的建造方式采用内置的框架结构来支撑建筑。无论是在“轻质龙骨”结构上包裹一层表皮，还是在“结构框架”上覆盖幕墙，这些新的建造方式意味着墙不再起到结构的作用，而是变得越来越具有装饰性。预制板的发展使得风格的多样性成为可能，我们可以在它们表面塑形、喷涂或者印刷，来表达任何图像，反映任何历史时期。

随着表皮脱离结构，建筑师与工程师的任务也变得越发分离：工程师处理框架，建筑师只需考虑表皮。建筑变成了关于外观的工作：表皮可以是罗马式、巴洛克式、维多利亚式，或者是“地域乡土”式等等。随着视觉表达新技术的出现，表皮的可替换性也越来越强。摄影技术以及对于装饰性墙纸的批量打印进一步推动了建筑表皮处理的商品化。的确，摄影加强了图像的力量，使得图像比任何实质结构都更加强大。

我们所谈到的这些情况发生在 19 世纪，而之后它们被加强了：量变导致了质变。随着摄影、杂志、电视，以及通过传真设计的建筑，所谓的“肤浅性”成为我们时代的符号。正如让 · 鲍德里亚在《罪恶的透明》（*The Transparency of Evil*）中所说：“当事物的概念消失以后，它们继续运作，并且完全不关心自身的内容。极为讽刺的是，以这样的方式它们甚至运作得更好。”

按照这样的观点来看，当现代主义建筑的社会理想在1930年被证明是虚幻的，并最终消失的时候，现代主义建筑其实变得“更好”了。同样地，今天理查德·迈耶的建筑难道不比柯布西耶的建筑“更美”？一种美学化的概括形式出现了，并被媒体传播。就像电视转播中沙特阿拉伯夕阳下的隐形轰炸机被美化，就像在广告中性爱被美化，如今所有的文化形式都被美化和复制了，其中当然也包括建筑。此外，图像的即时表达导致历史被削减成了即时的图像：这不仅表现在海湾战争的图像中穿插的篮球比赛以及广告上，也出现在当代的建筑杂志上，乃至我们的城市之中。

媒体对于建筑图像消费的胃口极其巨大。将注意力转移到建筑表皮的结果之一是，建筑的历史不再依附于建筑本身，而是存在于出版物中的图像和文字中（以及对它们的传播中）。在写下这篇文章的时候，那些极具影响力的建筑师，如里伯斯金、普瑞克斯（Wolf Prix）、扎哈·哈迪德，以及雷姆·库哈斯等人的项目只有极少数得以建成。我们这一代建筑师被无数的文章讨论，然而能真正进行建造的机会却极少。尽管如此，这些建筑师依然占据了媒体信息。这一信息的攻击强度（或者我们可以称其为“现实”）意味着我们越发难以想象一个单一的、客观的现实。我们很熟悉尼采在《偶像的黄昏》（*Twilight of the Idols*）中的格言：“真实的世界最终会变成一部小说。”不可避免地，建筑以及对建筑的认知也终将走向这一当代现实。

折衷古典主义、理性主义、新现代主义、解构主义、批判地域主义、绿色建筑，或者艺术圈中的新几何主义、新表现主义、新抽象主义、赋形主义，它们共存并且引发了一种深刻的无视：对差异的无视。从《纽约时报》（*The New York Times*）到《名利场》（*Vanity Fair*），从《激进建筑》（*P/A*）和《建筑文摘》（*Architectural Digest*）到《集合》

(Assemblage)，我们所看到的多种现实越来越反映出在时尚、理论、学院、运动，以及流行之间的持续摇摆。问题在于：为什么要反对这样一个被媒体化的世界？难道是为了一个坚固的、统一的现实？或者我们应该重拾对连贯的整体艺术[2]的渴望？然而在今天，那些 20 世纪早期的作品看上去只是为了复兴一个充满秩序、确定性以及持久性的世界，其中的各个元素之间存在着固定的等级关系。

的确，如果绝大多数建筑变得只与表皮、应用装饰、表面性、纸面建筑相关（或者成为文丘里所说的“装饰性的遮蔽物”），那么什么才能够将建筑与广告牌设计区分开来？或者更为广泛地说，是什么将建筑与编辑、排版、图案区分开来？如果所谓的文脉主义以及历史形态主义，仅仅是对于一个现成配方的巧妙伪装，一个尊重或者破坏了周围建筑协调的表皮，那么建筑如何能够继续促使社会去探索新的领域，发展新的知识？

第二部分

概念一：陌生化的技术

最近几年，一些身处先进后工业文明国家（英国、奥地利、美国、日本）的建筑师开始组织小规模的抵抗，并利用片段化以及肤浅化来对抗其本身。如果当前主流的意识形态是“熟悉化”（对 20 世纪 20 年代的现代主义图像或 18 世纪的古典主义图像的熟悉），也许我们的角色应该是“陌生化”。如果这一新的、被媒体化的世界呼应并且强化了现实的解离状态，那么或许（仅仅是或许）我们应该去利用这种解离，通过歌颂文化差异，通过加快、加强确定性、中心化以及历史的缺失，来赞美这个时代的片段化。

2 译者注：原文为 gesamtkunstwerk，德语。

从广义的文化来看，在过去的二十年中，毫无疑问，通信世界的发展使得在关于“规则”的讨论中出现了多种新的观点：女权主义者、移民、同性恋、少数族裔，以及从未获得应有待遇的来自非西方世界的人群都得以发声。而对建筑领域而言，陌生化的概念成了一个有力的工具。如果窗的设计只能反映建筑表皮装饰的肤浅，那么我们或许正好可以开始寻找不涉及窗的设计方式。如果柱子的设计只能反映建筑作为支撑框架的传统性，或许我们可以完全抛弃柱子。

南北向展廊，拉维莱特公园，法国巴黎，1985

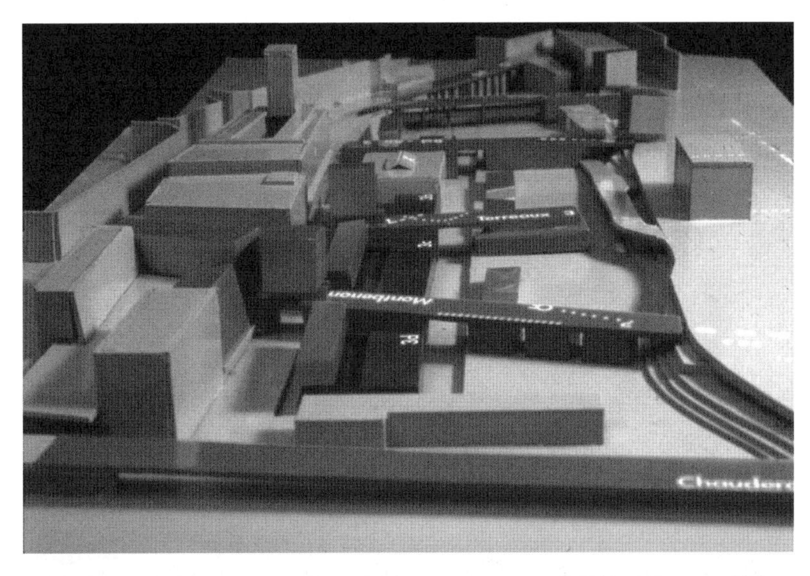

可居住的桥，瑞士洛桑，1988

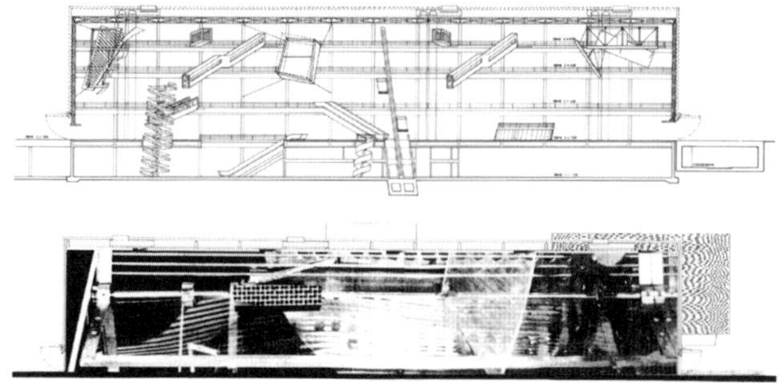

艺术和媒体中心，德国卡尔斯鲁厄，1988

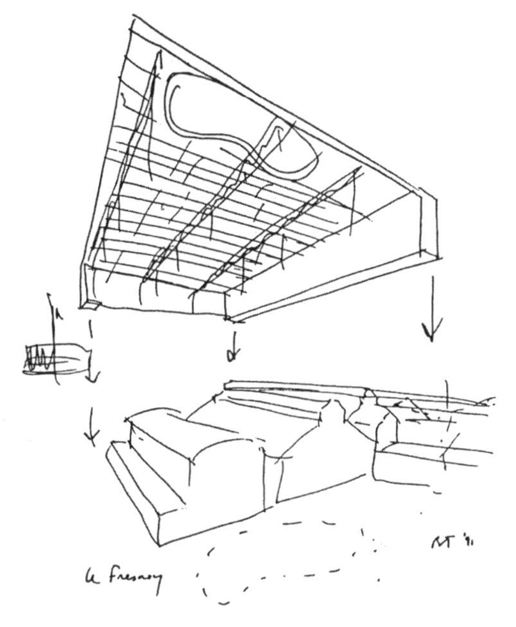

勒弗诺瓦国家当代艺术中心，法国图尔昆，1991

玻璃影像画廊，荷兰克罗宁根，1988

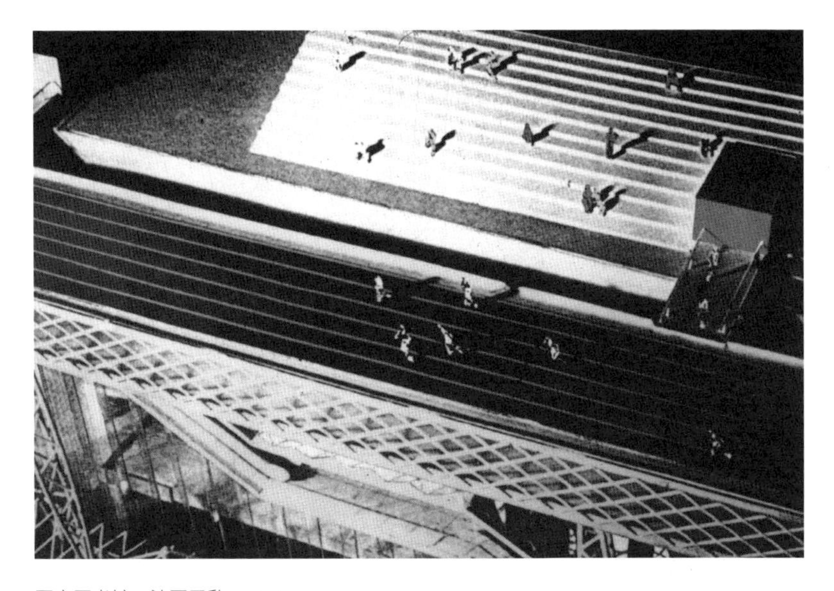

国家图书馆，法国巴黎，1988

勒弗诺瓦国家当代艺术中心，法国图尔昆，1991

虽然那些作出抵抗的建筑师可能并不承认他们对新技术的兴趣，但他们的作品往往利用了当代的技术发展。有趣的是，这些具体的技术，例如空调、轻质结构，或者电脑计算等，尚未被建筑文化圈理论化。我强调这一点是因为，其他一些技术进步，例如电梯的发明或者 19 世纪钢结构的发展，都已经成为历史学家众多研究的主题。然而，针对当代技术的类似理论工作还非常稀少，因为这些技术不一定能产生具有历史意义的形式。

之所以偏离了主题而去讨论技术，是因为技术与我们当代的境况之间有着千丝万缕的联系：如果说我们所处的社会是关于媒体以及传播的，我们就应认识到，技术的发展方向将不再是通过技术去统治自然，而是去发展信息，并利用一系列图像来构建我们的世界。建筑师必须去理解并且利用这些新的技术。正如法国作家、哲学家、建筑师保罗 · 维利里奥所说：“我们面对的不再是建造的技术，而是对技术的建造。”

概念二：媒体化“大都会”的震惊

那些不断闪烁着的图像令我们着迷，也促使瓦尔特 · 本雅明（Walter Benjamin）写出了《机械复制时代的艺术》（*The Work of Art in the Age of Mechanical Reproduction*）。我并不喜欢引用“经典”，但瓦蒂莫（Gianni Vattimo）最近对于这本书的分析提出了一些能够描述当代境况的观点。当本雅明讨论图像的可复制性时，他指出图像交换价值（或者说它们的“光晕”）的缺失使得这些图像可被替换。在这样一个纯粹信息的时代，唯一还具有意义的是“震惊”——图像带来的震撼或者惊讶。正是这样的震撼使得某些图像能够脱颖而出，更为重要的是，“震惊”成为当代境况以及现代大都会生活所蕴含的危险的特征。这些危险导致我们在这个无意义又无目的的世界中为找寻自我而持续焦虑。而这种焦虑是一种陌生化、无家可归[3]、茫然失所[4]、不可思议的体验。

根据本雅明的观点，美学的体验包括维持陌生化，而非其反面：熟悉化、安全性、受到保护[5]。我想要指出的是，本雅明的分析恰好对应了建筑的历史和哲学困境。建筑体验是否意味着陌生化——建筑成为一种“艺术”的形式，或是与之相反，成为一种意味着舒适、私密、内向、具有保护性的东西？当然，在这里我们又一次看到了一个永恒的对立：其中一方认为建筑和我们的城市应该成为体验和实验的场所，以及当代社会令人激动的反映：他们喜欢那些“在夜里颠簸的东西”，那些能够解构和自我毁灭的东西；而另一方则认为建筑的任务应该是再熟悉化、文脉化以及置入。后者自称为历史主义者、文脉主义者，或者后现代主义者，因为在今天，建筑的后现代主义无疑具有古典主义以及历史主义的内涵。

普通大众几乎永远会支持那些传统主义者。在大众眼中，建筑意味着舒适，意味着庇护，意味着砖和砂浆。然而，对于那些认为建筑并不一定只意味着舒适和安全，还应该促进社会进步的人而言，“震惊”成为不可或缺的手段。像纽约这样的城市，尽管（或者正因为）到处可见无家可归者以及每年两千起谋杀，依旧成为了让本雅明痴迷又恐惧的、类似齐美尔（Georg Simmel）笔下“前工业时代的伟大城市”[6]。大都会建筑或许更需要去寻找不寻常的问题解决方案，而非只追求那些安静、舒适的成熟社区。

最近，我们见证了一系列新的关于城市的重要研究。在这些研究中，通过高速公路、购物中心、摩天大楼以及小型住宅的无比例叠加而制造

---

3 译者注：原文为 un-zu-hause-sein，德语。

4 译者注：原文为 unheimlichkeit，德语。

5 译者注：原文为 geborgenheit，德语。

6 译者注：原文为 preindustrial Grosstadt，德语。

的片段化和错位，被视为都市文化活力的积极符号。与那些试图恢复街道和广场连续性的怀旧尝试不同，这些研究倡导利用都市“震惊”制造事件，并通过冲突和分离来强化和提升都市体验。

让我们回到关于媒体的讨论。在这样一个复制的时代，我们见证了传统的“框架 + 表皮”建造方式是如何回应媒体文化中的肤浅性和不稳定性，以及为什么持续的变化对于那些媒体的平庸需求而言是必要的。我们同时看到，拥护这样的逻辑意味着任何作品都可以被其他作品替换，就像我们加速了一个学生公寓表皮的脱落，并用另一种表皮予以取代。我们还可以看到，无论是在广义的文化领域，还是更为具体的建筑领域，“震惊”都反对对永恒性和权威性的怀念。在本雅明的文字发表五十多年后的今天，“震惊”或许依旧是我们在这个泛信息时代交流的唯一方式。在这样一个被媒体深刻影响的世界，对于变化的迫切需求并不一定是消极的。变化与肤浅性的增加同样意味着，建筑在过去六千年历史中一直与统治、权力以及权威相关的形式作用被削弱了。

概念三：解 - 构

当我们思考最近在建筑圈重新出现的关于结构与装饰的争论时，建筑的“弱化”、结构与图像、结构与表皮关系的改变等现象值得我们注意。自从文艺复兴开始，建筑理论就一直将结构与装饰区分开来，并为它们设定了先后次序。引用莱昂 · 巴蒂斯塔 · 阿尔伯蒂（Leon Battista Alberti）的话：“装饰具有被附加或者被添加的属性。”装饰注定是后来添加的，它不应该挑战或者弱化结构。

然而，在结构通常以无穷重复的、中性的网格出现的今天，这样的等级体系意味着什么？在这个国家当前绝大多数工程中，结构的概念几乎一致：一个简单的木、钢或混凝土框架。就像在前面提到的，这些框架应该采用哪种材料，通常是由结构工程师或者造价工程师决定，而非由建筑师决定。建筑师不能够去质疑结构。结构必须是坚固的。毕竟，建筑倒塌对于保险赔偿（以及名声的损害）将是致命的。这一现实通常导致我们拒绝去质疑结构。结构必须稳定，否则建筑以及思想的整个宏伟大厦都将崩塌。与科学和哲学相比，建筑极少质疑自己的基础。

建筑领域这些“思维习惯” 造成的结果是，建筑的结构被认为是不应受到质疑的，就像看电影时不应质疑投影仪的机械，或者看电视时不应质疑电视机成像的硬件一样。社会批评家经常去质疑图像，却很少质疑图像的装置：画框。然而，在过去的一个多世纪中，尤其是最近的二十年中，我们开始观察到这种质疑的端倪。当代哲学讨论触及了画框与图像的关系：这里画框被认为是结构和骨架，而图像则被认为是装饰。雅克 · 德里达的附饰理论将对画框和图像之间关系的质疑发展成了一个主题。尽管也许有人会争辩绘画的画框不能等同于建筑的框架（因为前者是外在的或者“开胃菜”，而后者是内在的），但是我认为这种否定相当肤浅。从传统意义上讲，画框和结构都起到了“支撑”的作用。

概念四：叠加

对结构的质疑将我们带入了当代建筑争论的一个重要方面：解构。从一开始，解构主义的争论以及后结构主义的思考，就吸引了少数的建筑师，因为这些争论质疑了后现代主义主流试图倡导的安全性原则。当我第一次见到雅克 · 德里达，试图劝说他将自己的工作与建筑联系起来时，他问我：“建筑师怎么可能对解构感兴趣？毕竟，解构反对形式，反对等级，反对结构，它几乎反对了建筑所要支持的一切。”“正是因为这个原因。”我回答道。

随着时间的推移，不同建筑师对于解构的不同解读，甚至比解构的多样解读理论所期待的还要多样。对某个建筑师而言，解构意味着掩饰；对另一个建筑师而言，解构意味着片段化；对又一个建筑师而言，解构意味着异位。再一次引用尼采的话："不存在事实，只存在无穷的解读。"很快，也许是因为有太多建筑师厌恶"历史决定论后现代主义"所倡导的安全性，并着迷于 20 世纪初的先锋派，解构主义诞生了。它立即被称为一种"风格"，虽然这正是这些建筑师想要避免的。任何对于后结构主义思想以及解构的兴趣，都是因为它们挑战了统一单调的图像、确定性的理念，以及具有识别性的语汇。

那些所谓的理论建筑师们，希望去挑战建筑传统中形式与功能、抽象与具体的二元对立。然而，他们也想去挑战这些二元论所隐含的等级体系，例如"功能决定形式"，以及"装饰服从结构"。这种对等级的否定造成了对于复杂图像的痴迷，这些图像同时"都是"也"都不是"重叠或叠加而成的图像。叠加成了一种重要的手段。这在我自己的作品中就有体现，《曼哈顿手稿》或者《电影剧本》这些早期作品中所使用的手段来自电影理论和"新小说"运动[7]。在《曼哈顿手稿》中，通过叠加、冲突、扭曲、片段化等手段，存在于结构（或者画框）、形式（或者空间）、事件（或者功能）、身体（或者运动），以及虚构（或者叙事）之间的区别被系统性地模糊了。我们在彼得 · 艾森曼的作品中可以发现对叠加的精彩使用，例如他在"罗密欧和朱丽叶"项目[8]中所使用的叠加将文学和哲学的关联推向了极致。这些不同的现实挑战了单一的解读，它们不断质疑作为物体的建筑，并跨越了电影、文学，以及建筑之间的边界。（"这到底是一出戏剧还是一个建筑？"）

这些作品大都得益于学校以及艺术圈（如画廊和相关出版机构）的环境，在那里不同领域的跨界使得建筑师可以打破不同流派之间的界线，并不断去质疑建筑学科及其形式等级。然而，对于我自己以及我的同事们在这一时期的工作而言，它们的起点都是对于建筑以及建筑本质的批判。这

7 译者注：原文为 mouveau roman，法语。

8 译者注：此为艾森曼在第三届威尼斯国际建筑双年展上的获奖作品。

样的批判废除了传统概念，并成为一种重要的概念性工具，然而它无法解决能够将建筑师的工作与哲学家的工作区分开来的问题：物质性。

就像文字或者图纸有各自的逻辑，材料也有专属的逻辑，而它们各不相同。不管我们如何去颠覆材料的逻辑，它们的一部分依然抵抗着。这不是一支烟斗[9]。文字不同于混凝土块，狗的概念无法嗥叫。借用吉尔 · 德勒兹（Gilles Deleuze）的话："电影不会给出电影的概念。"当比喻和误用被转化为建筑，它们通常化身为合成木板或者纸塑场景[10]而再次成为装饰。不接触地面的石膏板柱子不是结构，它仅仅是装饰。是的，虚构和叙事让很多建筑师着迷，或许如我们的批评者所说的，我们了解书本多于了解建筑。

这里我不想过多讨论对于建筑中的虚构的两种不同解读：其中一种拥护所谓历史决定论的后现代主义，另一种则拥护所谓解构主义者的新现代主义（这些都不是我给的标签）。尽管这两种解读最初都来自对语言学和符号学的兴趣，前者将虚构和叙事视为隐喻的一部分，或者新的建筑学说和形式的一部分；后者则将虚构和叙事类比为功能策划或者功能。

我想要重点谈谈第二种观点。按照这样的观点，比起操作建筑的形式属性，我们更应该去研究真正发生在建筑和城市中的东西：功能、功能策划，以及建筑合适的历史维度。罗兰 · 巴特的《叙事作品结构性分析》之所以如此诱人，是因为它可以直接被应用于空间和功能策划的序列。类似的例子还包括谢尔盖 · 爱森斯坦的电影蒙太奇理论。

概念五：交叉策划

对于建筑而言，在空间中发生的事件和空间本身一样重要。哥伦比亚大学的圆厅曾经被作为一个图书馆，也被用作宴会大厅，还经常被作

9　译者注：原文为 ceci n'est pas une pipe，法语。

10　译者注：原文为 papier-mâché，法语。

为学校讲座的场地，或许有一天它甚至能满足学校对于体育设施的需求。如果这个圆厅可以成为一个游泳池，那有多好！你也许认为我在开玩笑，然而在今天的世界，火车站可以成为博物馆，教堂也可以成为夜总会，这些例子充分说明了一点：在形式和功能之间存在着彻底的互换性，或者说被现代主义奉为经典的因果关系早已消失。功能无法遵循形式，形式无法遵循功能，也不会遵循虚构，然而它们之间不可避免地互动着。让我们跳入这个伟大的圆厅水池——它也属于“震惊”的一部分。

如果将立面与大堂连接和并置无法产生“震惊”，或许将发生在立面背后的事件叠加就能够做到。如果“所有类别彼此的污染、持续的替换，以及对流派的混淆”［就像评论家海森斯（Andreas Huyssens）和让·鲍德里亚所提出的那样］是我们时代新的方向，那么我们应该充分利用这一状态，来引导建筑全面的革新。如果建筑既是概念也是体验，既是空间也是使用，既是结构也是表皮图像，而它们之间没有等级，那么建筑应该不再区分这些类别，而将它们融合为功能策划和空间的全新组合。在前文中，我已经描述过交叉策划”“跨越策划”“反策划”的概念，提出了对这些概念的置换和互相污染等操作。

概念六：作为转折点的事件

我自己在 20 世纪 70 年代的工作反复阐述了这样的观点：建筑离不开事件，离不开动作，离不开活动，也离不开功能。建筑应该被视为空间、事件，以及运动这些概念无等级、无优先级的组合。一直以来，人们广泛认为功能和形式之间具有等级性的因果关系，它建立起了被大众所接受的所谓社区生活、“能够满足我们生活需求”的住宅，或者被规划为“居住机器”的城市。这一思想中包含的安全性既与建筑真正的“快感”（它带来了预料之外的组合）相对立，也与当代城市生活中的刺激和不安相对立。因此，在类似《曼哈顿手稿》的作品中，建筑的定义不再是形式或者墙，而是异质的和不相容事物的组合。

对事件和运动等概念的引入受到了情境主义者以及 1968 年事件的影响。他们所宣扬的“活动”[11]，不仅是运动中的事件，同时也是思想中的事件。在巴黎街道（形式）上修建一个路障（功能），与在同样的街道（形式）中做一个“漫步者”[12]（功能）大相径庭。在圆厅（形式）中进餐（功能），与在其中阅读或者游泳也截然不同。在这里，所有形式和功能之间的等级关系都不再存在。事件和功能的意外组合充满了颠覆性的力量，因为它同时挑战了功能与空间。这样的冲突类似于超现实主义者所提出的“缝纫机和雨伞在手术台上的偶然相遇”，或者更近期的雷姆 · 库哈斯对曼哈顿下城健身俱乐部的描述：“赤裸着身体，戴着拳击手套在第 n 层楼吃着牡蛎。”

我们可以在今天的东京见到这一场景：多种功能策划散布在同一个高层建筑的各层，其中包括一个百货商场、一个博物馆、一个康复俱乐部、一个火车站，而屋顶则是绿植花园。我们同样将会在未来的功能策划中见证这一情形：机场同时被作为娱乐长廊、健身设施、电影院等。无论是出于偶然的组合，还是因为日益上涨的土地价格的压力，形式和功能之间或者空间和动作之间的类似的非因果关系，早已超越了意外的并置所造成的诗意冲突。正如约翰 · 拉吉曼（John Rajchman）在一本书中指出的，米歇尔 · 福柯将“事件”的意义扩展了，它不再仅仅指单一的动作或者运动，还包括“思维的事件”。对福柯而言，事件不是简单的文字或者动作有逻辑的序列，而是“对可能发生戏剧性事件的场景的诸多假设进行侵蚀、瓦解、质疑和问题化的时刻，它可以引发另一种不同场景的机会和可能”。在这里，事件被视为一个转折点，而不是像“形

---

11 译者注：原文为 les événement，法语。

12 译者注：原文为 flâneur，法语。

式遵循功能”所建议的那样，被视为一个起点或者终点。我认为，建筑的未来正存在于对这种事件的构建之中。

与事件紧密联系的空间化也同样重要。这一概念与现代主义运动的思想截然不同。现代主义运动寻求的是在一个统一的乌托邦里对于确定性的确认，这不同于我们当前对于多样性、片断性以及分裂性的领域的质疑。

几年之后，在一篇关于拉维莱特公园中“疯狂”的文章中，雅克·德里达将事件的定义扩展为“离散的多样性的涌现”。我曾多次在谈话以及其他场合强调，这些称为“疯狂”的点是活动、功能策划以及事件的点。德里达深化了这一观点，他提出了一种“事件建筑”的可能性，并指出这样的建筑可以被“事件化”，或者激活那些被我们的历史或者传统认为是固定的、本质性的、纪念性的那一部分。他同时指出“事件”这个词与“发明”同根[13]，并因此提出事件、空间中的动作、转折点、发明等概念。我想将这一观点与“震惊”的概念联系起来。为了能够在媒体化、图像化的文化中有效，“震惊”必须超越本雅明的定义，将功能和行为的概念与图像的概念结合在一起。的确，建筑位于一个独特的处境：它是唯一一个从定义上就包含了概念与体验、图像与使用、图像与结构的领域。哲学家可以去写作，数学家可以去发展虚拟空间，但建筑师是一种混合艺术的囚徒，在这种艺术中图像无法脱离活动而存在。

我想要指出的是，建筑绝不是一个没有能力去质疑自己的结构和基础的领域，而是一个能够在下个世纪产生伟大发现的领域。建筑定义中所包含的异质性，它的空间、行为以及运动，都使其可以成为“事件”，成为“震惊”发生的地方，成为人类能够创新自我的地方。事件为重新思考和组织建筑中的不同元素提供了场所，而或许正是这些导致或者增

13 译者注：对应原文分别为 event、invention。

加了当代社会不平等的元素能够提出问题的解决方案。从定义来看，这样的场所由差异组合而成。

我们无法通过模仿过去，尤其是 18 世纪的装饰来实现这一转变。我们也无法依靠设计，仅仅通过评论当代境况下的诸多异位和不确定性，来实现这一转变。我不认为有可能或有理由去设计在形式上模糊传统结构的建筑——这里指的是那些存在于抽象和明确、结构和装饰之间的形式，或者出于美学原因被切分或者异位的形式。建筑不是一种阐述性的艺术，它无法阐述理论。（我不相信能够去设计解构。）我们无法去设计城市及其建筑的新的定义，但我们有可能去设计这样的条件，使一个无等级、非传统的社会有可能出现。通过理解当代境况的本质以及与之相伴的媒介过程，建筑师有可能创造相应的条件来建造新的城市，创造空间和事件之间新的关系。

建筑与设计的条件无关，而应该去设计条件，从而改变社会中最为传统和落后的方面，同时以一种最具解放性的方式去重新组织这些元素，使我们的体验成为通过建筑来组织和策划的、关于事件的体验。策略是当今建筑的关键词。当今的时代不再需要总体规划，不再需要位于固定的地点，它需要的是一个新的异质空间。这正是我们的城市必须去争取的，也是我们建筑师必须通过强化事件和空间之间的大量冲突，来帮助城市实现的。东京和纽约或许看起来非常混乱，但是它们描绘了一种新的城市结构，一种新的城市性。它们所包含的不同元素的冲突和组合为我们提供了事件和震惊，我希望这些事件和震惊能使城市中的建筑成为文化和社会的转折点。

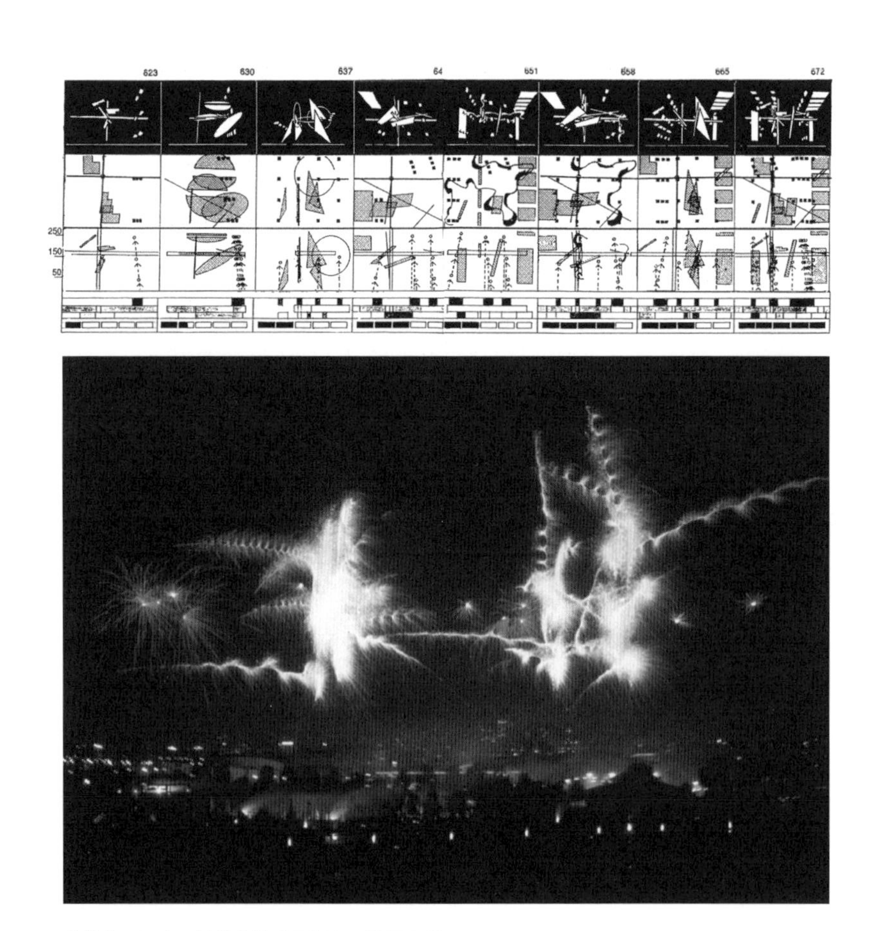

伯纳德·屈米，拉维莱特公园烟火，法国巴黎，1991

作者与译者简介

伯纳德·屈米

伯纳德 · 屈米被认为是当代最为重要的建筑理论家、建筑师以及建筑教育家之一，是美国建筑师协会院士，以及英国皇家建筑师协会国际荣誉会员。他致力于将事件、运动等概念在建筑中融合，认为建筑必须参与文化的讨论，并且质疑其自身的本质。屈米于 1983 年赢得巴黎拉维莱特公园竞赛，并在此之后完成了法国勒弗诺瓦国家当代艺术中心（1997）、美国哥伦比亚大学学生活动中心（1999）、瑞士日内瓦江诗丹顿总部（2005）、希腊雅典卫城博物馆（2009）、天津滨海科技馆（2019）等一系列作品。屈米曾在伦敦建筑联盟学院、美国普林斯顿大学、纽约库伯联盟学院等高校任教，于 1988—2003 年担任哥伦比亚大学建筑学院院长，并作为终身教授任教至今。

钟念来

钟念来是美国建筑师协会会员、纽约州注册建筑师，以及新实建设计事务所主持建筑师。他毕业于哥伦比亚大学建筑学院及同济大学建筑系，在哥伦比亚大学建筑学院求学期间师从伯纳德 · 屈米，并于 2011—2017 年在伯纳德 · 屈米建筑师事务所工作，负责事务所多个建筑实践及展览项目。钟念来曾任教于哥伦比亚大学建筑学院，并在哥伦比亚大学、普瑞特学院、纽约华美协进社等机构开设讲座，他的文章及作品多次在 *Domus*、*Frame*、*Dezeen*、*Metropolis*、《时代建筑》及《城市中国》发表，并在 Storefront For Art and Architecture、西雅图美国建筑师协会中心及纽约贾维茨中心展出。

图书在版编目（CIP）数据

建筑与分离 / (瑞士) 伯纳德 · 屈米著；钟念来译
.-- 上海：同济大学出版社，2022.10
书名原文：Architecture and Disjuction
ISBN 978-7-5765-0358-6

Ⅰ.①建… Ⅱ.①伯… ②钟… Ⅲ.①建筑艺术－研究 Ⅳ.① TU-8

中国版本图书馆 CIP 数据核字 (2022) 第 162802 号

瑞士文化基金会
prohelvetia
由瑞士文化基金会上海办公室支持

建筑与分离

(瑞士) 伯纳德 · 屈米　著
钟念来　译

出 版 人　金英伟
策　　划　晁　艳
责任编辑　王胤瑜　晁　艳
平面设计　张　微
责任校对　徐逢乔

版　　次　2022 年 10 月第 1 版
印　　次　2022 年 10 月第 1 次印刷
印　　刷　上海丽佳制版印刷有限公司
开　　本　710mm × 1000mm　1/16
印　　张　13.5
字　　数　270 000
书　　号　ISBN 978-7-5765-0358-6
定　　价　88.00 元
出版发行　同济大学出版社
地　　址　上海市杨浦区四平路 1239 号
邮政编码　200092
网　　址　http://www.tongjipress.com.cn
经　　销　全国各地新华书店